Asha Gawali
Sanjay Kumawat

Análise de vibrações de uma viga cantilever fendilhada condições de fronteira

Asha Gawali
Sanjay Kumawat

Análise de vibrações de uma viga cantilever fendilhada condições de fronteira

ScienciaScripts

Imprint

Cover image: www.ingimage.com

This book is a translation from the original published under ISBN 978-3-659-76961-0.

Publisher:
Sciencia Scripts
is a trademark of
Dodo Books Indian Ocean Ltd. and OmniScriptum S.R.L publishing group

120 High Road, East Finchley, London, N2 9ED, United Kingdom
Str. Armeneasca 28/1, office 1, Chisinau MD-2012, Republic of Moldova, Europe
Printed at: see last page
ISBN: 978-620-8-05921-7

RECONHECIMENTO

Aproveito esta oportunidade para expressar a minha gratidão a todos aqueles que me deram a sua colaboração e orientação, apoiando-me na análise e preparação deste relatório do seminário, desde o início até ao fim.

Em primeiro lugar, gostaria de expressar o meu mais profundo agradecimento ao **Prof. J.R. Chaudhari** (H.O.D Departamento de Engenharia Mecânica) e ao **Prof. P.G. Damle** (Guia), cuja valiosa orientação me ajudou a preparar este Relatório do Seminário. Gostaria de expressar o meu respeito e gratidão ao **Dr. K.S. Wani** (Diretor) por me ter proporcionado esta oportunidade.

Gostaria de expressar a minha gratidão aos meus amigos pela sua dedicação, amor e apoio ao longo de todo o curso. Eles são e serão sempre a minha fonte de energia e inspiração. Agradeço também a todos os outros membros do pessoal docente e não docente da minha faculdade pela sua imensa ajuda ao longo deste projeto.

Asha L. Gawali

M.E. (CONCEPÇÃO DE MÁQUINAS)

ÍNDICE DE CONTEÚDOS:

NOMENCLATURA

b	Width of the Beam
h	Depth of the Beam
L	Length of the Beam
E	Modulus of Rigidity
E	Modulus of Elasticity
I	Moment of Inertia
K_1, K_2	Stress Intensity Factor
P_1, P_2	Bending Moment
ω_{nf}	Natural Frequency
ρ	Density
υ	Poisson's Ratio
FEM	Finite Element Method
FEA	Finite Element Analysis
FFT	Fast Fourier Transform

RESUMO

A análise de vibrações de uma viga é um objeto de estudo importante e peculiar na engenharia mecânica. Todas as estruturas físicas reais, quando sujeitas a cargas ou deslocações, comportam-se de forma dinâmica. As fissuras em componentes vibrantes podem dar origem a falhas catastróficas. A presença de fissuras altera as caraterísticas físicas de uma estrutura que, por sua vez, alteram as suas caraterísticas de resposta dinâmica. Por conseguinte, é necessário compreender a dinâmica das estruturas com fissuras. A profundidade e a localização das fissuras são os principais parâmetros para a análise das vibrações. Assim, torna-se muito importante monitorizar as alterações nos parâmetros de resposta da estrutura para aceder à integridade estrutural, ao desempenho e à segurança.

No presente estudo, é efectuada uma análise de vibrações numa viga em consola com duas fissuras transversais abertas, para estudar as caraterísticas de resposta. O objetivo é efetuar a análise de vibrações numa viga cantilever com e sem fissura. Assim, procurou-se analisar o efeito da fissura na frequência natural da viga. Os resultados obtidos pelo software FEA (ANSYS) e pelos resultados experimentais (FFT) são comparados entre si. São utilizadas condições de fronteira adequadas para determinar a frequência natural e as formas próprias.

As frequências naturais de vibração livre da viga cantilever com uma extremidade fixa e outra livre com duas fissuras transversais são calculadas com FFT e FEA e comparadas com diferentes profundidades e comprimentos de fissura. Observa-se que, com o aumento do número de fissuras, as frequências naturais diminuem. As formas próprias também se alteram consideravelmente devido à presença de fendas. O efeito das fissuras é mais pronunciado quando as fissuras estão próximas da extremidade fixa do que da extremidade livre. A frequência natural diminui com o aumento da profundidade relativa da fenda.

Palavras-chave: Viga cantilever, Análise de vibrações, FEA

CAPÍTULO 1
INTRODUÇÃO

1.1 . VISÃO GERAL

É necessário que as estruturas funcionem em segurança durante a sua vida útil. No entanto, os danos dão início a um período de rutura nas estruturas. As fissuras estão entre os tipos de danos mais encontrados nas estruturas. As fissuras numa estrutura podem ser perigosas devido a cargas estáticas ou dinâmicas, pelo que a deteção de fissuras desempenha um papel importante nas aplicações de monitorização do estado das estruturas. As estruturas do tipo viga são muito utilizadas na construção em aço e nas indústrias de maquinaria. Na literatura, vários estudos abordam a segurança estrutural das vigas, especialmente a deteção de fissuras através da monitorização do estado da estrutura. Os estudos baseados na monitorização do estado de saúde estrutural para a deteção de fissuras tratam da alteração das frequências naturais e das formas próprias da viga.

O defeito estrutural mais comum é a existência de uma fissura. As fissuras estão presentes nas estruturas devido a várias razões. A presença de uma fenda pode não só causar uma variação local na rigidez, mas também afetar consideravelmente o comportamento mecânico de toda a estrutura. As fissuras podem ser causadas por fadiga em condições de serviço, devido à resistência limitada à fadiga. Também podem ocorrer devido a defeitos mecânicos. Outro grupo de fissuras inicia-se durante os processos de fabrico. Geralmente, são de pequena dimensão. Sabe-se que estas pequenas fissuras se propagam devido a condições de tensão flutuantes. Se estas fissuras que se propagam não forem detectadas e atingirem o seu tamanho crítico, pode ocorrer uma falha estrutural súbita. Assim, é possível utilizar as medições da frequência natural para detetar fissuras. Numa avaliação contínua da segurança de uma máquina ou estrutura, é muito necessário avaliar constantemente o estado dos seus componentes críticos. Isto exige uma avaliação contínua das alterações do seu comportamento estático e/ou dinâmico. O desenvolvimento de uma fissura não torna necessariamente um componente instantaneamente inútil, mas é um sinal de que o seu comportamento tem de ser monitorizado mais cuidadosamente. Esta monitorização pode desempenhar um papel significativo na garantia de um funcionamento ininterrupto do componente em serviço.

Na presente investigação, foi pesquisada, revista e analisada uma série de literatura publicada até à data. A maioria dos investigadores estudou o efeito de uma única fenda na dinâmica das estruturas. No entanto, na prática atual, os elementos estruturais, como as vigas, são altamente susceptíveis a fissuras transversais devido à fadiga.

Geralmente, os danos num elemento estrutural podem ocorrer devido a operações normais, acidentes, deterioração ou eventos naturais graves, como terramotos ou tempestades. Os danos podem ser analisados através de inspeção visual ou pelo método de medição da frequência, da forma própria e do amortecimento estrutural. A deteção de danos por inspeção visual é um método que consome muito tempo e a medição da forma própria e da deflexão estrutural é mais difícil do que a medição da frequência. O método não destrutivo para a deteção de fissuras é favorável em comparação com os métodos destrutivos. Assim, a análise foi efectuada com base em métodos não destrutivos, tendo em conta a frequência natural. Neste caso, a fenda é uma fenda superficial transversal.

1.2 INTRODUÇÃO À VIGA CANTILEVER

Em alguns dos sistemas reais apresentados abaixo, tentámos fazer suposições adequadas para deduzir o sistema a uma viga em consola.

An aircraft wing as a cantilever beam

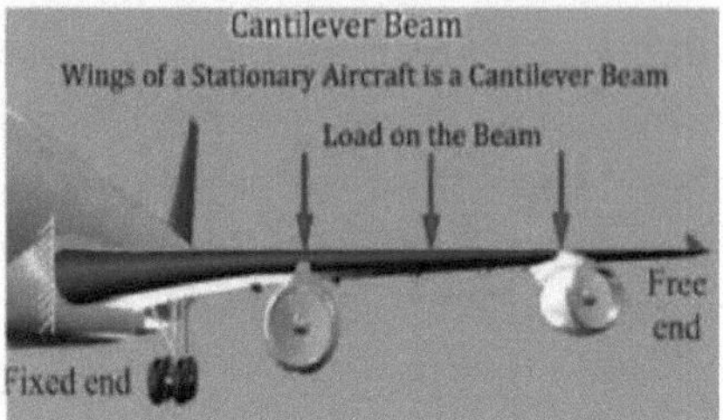

An atomic force probe

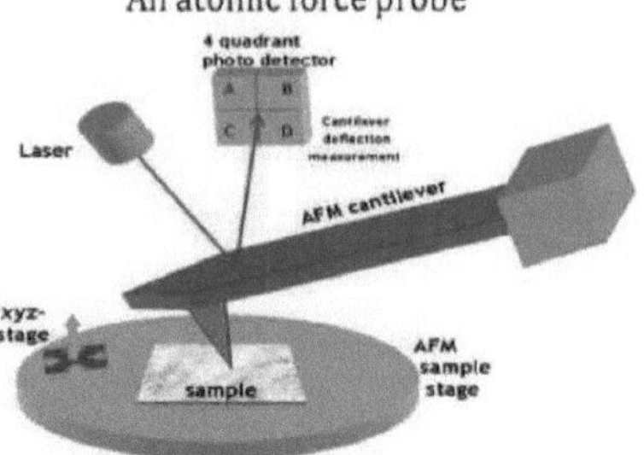

A tower crane overhang is like a cantilever beam

A double overhang folding bridge

Fig.1.1. Sistemas reais como uma viga cantilever.

Diz-se que um sistema é um sistema de viga em consola se uma extremidade do sistema estiver rigidamente fixa a um suporte e a outra extremidade estiver livre para se mover. A análise de vibrações de um sistema de viga em consola é importante porque pode explicar e ajudar-nos a analisar uma série de sistemas da vida real. Os poucos exemplos que se seguem podem ser simplificados para uma viga em consola, ajudando-nos assim a efetuar alterações de conceção em conformidade para obter os sistemas mais eficientes.

1.3 OBJECTIVO E ESQUELETO DA DISSERTAÇÃO

Objetivo: - O objetivo do presente trabalho de dissertação é o estudo do comportamento de vigas cantilever com diferentes condições de fronteira, quando são confrontadas com fissuras, o que é importante, uma vez que são utilizadas em várias estruturas. Este trabalho de dissertação ajudará os engenheiros a conhecer as alterações da frequência natural e dará uma ideia dos valores da frequência natural para diferentes profundidades de fenda e com diferentes comprimentos de duas fendas transversais. A presença de dano é tipicamente confirmada pela observação de alterações na frequência da estrutura antes e depois do dano. A aplicação de técnicas de análise de vibrações, ou mais especificamente a alteração das frequências naturais, é também uma ferramenta que pode ser utilizada para a deteção de danos. Foi preparado um modal físico e um modal computacional. A análise de vibrações foi efectuada utilizando a FEA do ANSYS e comparada com o trabalho experimental utilizando a FFT.

Esqueleto da dissertação

Capítulo 1. Contém a introdução à Viga Cantilever, as suas aplicações e o objetivo da dissertação.

Capítulo 2. Contém artigos de investigação relacionados com a análise de vibrações da viga cantilever. Também teoria da vibração, teoria da fissura, introdução à FEA, Mecânica da Fratura, Análise Experimental por FFT, e Equação Reguladora da Placa Anular.

Capítulo 3. A análise experimental por FFT e a configuração experimental para o disco anular são explicadas neste capítulo.

Capítulo 4. A ANÁLISE DE ELEMENTOS FINITOS do modelo de disco anular utilizando ANSYS é explicada e as formas modais de ANSYS são apresentadas.

Capítulo 5. Este capítulo apresenta os resultados e observações da análise de vibrações de uma viga cantilever. As especificações e as condições de fronteira são apresentadas neste capítulo. Os resultados são apresentados e comparados com a ajuda de gráficos e tabelas.

Capítulo 6. Conclusão e perspectivas futuras.

CAPÍTULO 2

REVISÃO DA LITERATURA

2.1. INTRODUÇÃO

Quando uma estrutura sofre danos, as suas propriedades dinâmicas podem alterar-se, em especial, os danos provocados por fendas podem causar uma redução da rigidez, com uma redução inerente das frequências naturais, um aumento do amortecimento modal e uma alteração das formas próprias. Para a análise de vibrações de vigas fissuradas e possível deteção de fendas, o procedimento da mecânica da fratura é geralmente preferido. De acordo com este procedimento, a ocorrência de fendas numa viga reduziria a rigidez local no local da fenda. A investigação foi efectuada pelos seguintes autores,

Chondros et al. [1] desenvolveram uma teoria de vibração de vigas fissuradas contínuas para a vibração lateral de vigas de Euler-Bernoulli fissuradas com fendas abertas de uma ou duas arestas. Esta teoria de vibração de vigas fissuradas contínuas conduz a uma boa aproximação para a resposta dinâmica à excitação lateral, uma vez que pode ser facilmente alargada a outros modos de vibração, geometrias e condições de fronteira e a problemas de vibração lateral e torsional acoplados.

Chen et al. [2] utilizaram o método da matriz de transferência para a análise dinâmica de uma viga escalonada com múltiplas fissuras transversais abertas arbitrárias. A redução da rigidez à flexão devido à presença de fendas abertas transversais ou a alterações abruptas da secção transversal é modelada por um tipo de molas rotativas sem massa.

Chasalevris e Papadopoulos [3] estudaram o comportamento dinâmico de uma viga fissurada com duas fissuras superficiais transversais. Cada fissura é caracterizada pela sua profundidade, posição e ângulo relativo. Uma matriz de conformidade local com dois graus de liberdade, flexão nos planos horizontal e vertical, é utilizada para modelar a fenda transversal rotativa no veio e é calculada com base nas expressões disponíveis dos factores de intensidade de tensão e nas expressões associadas para as taxas de libertação de energia de deformação.

Dharmaraj u et al. [4] utilizaram o elemento de viga Euler-Bernoulli na modelação por elementos finitos. Considera-se que a fenda superficial transversal permanece aberta. A fenda foi modelada por uma matriz de conformidade local com quatro graus de liberdade. Esta matriz de conformidade contém termos diagonais e não diagonais. Uma força harmónica de amplitude e frequência conhecidas é utilizada para excitar dinamicamente a viga. Os algoritmos de identificação actuais foram ilustrados através de exemplos numéricos.

D.Y. Zheng [5] obtêm-se as frequências naturais e as formas próprias de uma viga fendilhada utilizando o método dos elementos finitos. Uma matriz de flexibilidade adicional global, em vez da matriz de flexibilidade adicional local, é adicionada à matriz de flexibilidade do elemento de viga intacto correspondente para obter a matriz de flexibilidade total e, por conseguinte, a matriz de rigidez. Em comparação com os resultados analíticos, a nova matriz de rigidez obtida utilizando a matriz de flexibilidade adicional global pode fornecer frequências naturais mais exactas do que as resultantes da utilização da matriz de flexibilidade adicional local. Além disso, os autores construíram uma função de forma que pode satisfazer perfeitamente as condições de flexibilidade local nas localizações das fendas, o que pode dar modos de vibração mais exactos.

Fernandez-Saez et al. [6] apresentam um método simplificado de avaliação da frequência fundamental para as vibrações de flexão de vigas de Euler-Bemouilli fissuradas. O método baseia-se na abordagem bem conhecida de representar a fissura numa viga através de uma dobradiça e uma mola elástica, mas aqui a deflexão transversal da viga fissurada é construída adicionando funções polinomiais à da viga não fissurada. Com esta nova função admissível, que satisfaz as condições de fronteira e cinemáticas, e utilizando o método de Rayleigh, obtém-se a frequência fundamental. Esta abordagem é aplicada a vigas simplesmente apoiadas com uma secção fendilhada em qualquer ponto do vão.

Hwang e Kim [7] apresentaram métodos para identificar a localização e a gravidade dos danos em estruturas utilizando dados de funções de resposta em frequência. Os métodos básicos detectam a localização e a gravidade dos danos estruturais minimizando a diferença entre as FRFs de ensaio e analíticas, o que constitui um tipo de atualização do modelo ou um método de otimização.

Kisa et al. [8] Apresenta uma nova técnica numérica aplicável à análise de vibrações livres de vigas com fissuras uniformes e escalonadas de secção circular. Nesta abordagem, em que os métodos de elementos finitos e de síntese de modos de componentes são utilizados em conjunto, a viga é separada em partes da secção da fissura. Estas subestruturas são unidas utilizando as matrizes de flexibilidade que têm em conta as forças de interação derivadas em virtude da teoria da mecânica da fratura como o inverso da matriz de conformidade encontrada com os factores de intensidade de tensão apropriados e as expressões da taxa de libertação de energia de deformação. Para revelar a precisão e a eficácia do método proposto, são dados vários exemplos numéricos para a análise de vibrações livres de vigas com fissuras abertas transversais não propagadas.

K. El Bikri , R. Benamar, M.M. Bcnnouna [9] Este artigo é uma investigação teórica das vibrações livres geometricamente não lineares de uma viga fixada por um grampo com uma fenda aberta. A abordagem utiliza um modelo semi-analítico baseado numa extensão do método de Rayleigh-Ritz para vibrações não-lineares, que é principalmente influenciado pela escolha das funções admissíveis. A formulação geral é estabelecida utilizando novas funções admissíveis, designadas por "funções de viga fendilhada", e denotadas por "CBF", que satisfazem as condições naturais e geométricas das extremidades, bem como as condições de fronteira internas na localização da fenda. O trabalho restringe-se ao modo fundamental, de modo a concentrar-se no estudo da influência da fissura na resposta dinâmica não linear próxima da ressonância fundamental.

Kisa e Gurel [10] propuseram um modelo numérico que combina os métodos de elementos finitos e de síntese de modos de componentes para a análise modal de vigas com secção circular e contendo múltiplas fendas abertas não propagantes. O modelo divide virtualmente uma viga em várias partes a partir das secções das fendas e associa-as através de matrizes de flexibilidade, considerando as forças de interação derivadas da teoria da mecânica da fratura.

Nahvi e Jabbari [11] desenvolveram uma abordagem analítica e experimental para a deteção de fissuras em vigas cantilever através da análise de vibrações. Foi concebida uma instalação experimental em que uma viga cantilever fendilhada é excitada por um martelo e a resposta é obtida utilizando um acelerómetro fixado à viga. Para evitar a não linearidade, assume-se que a fenda está sempre aberta. Para identificar a fenda, são traçados contornos da frequência normalizada em função da profundidade e da localização normalizadas da fenda.

Orhan Sadettin [12] estudou a análise da vibração livre e forçada de uma viga fendilhada com o objetivo de identificar a fenda numa viga cantilever. Foram avaliadas fendas de uma e duas arestas. A resposta dinâmica da vibração forçada descreve melhor as alterações na profundidade e localização da fenda do que a vibração livre, na qual a diferença entre as frequências naturais correspondentes a uma alteração na profundidade e localização da fenda é apenas um efeito menor.

Patil e Maiti [13,14] utilizaram um método para prever a localização e a dimensão de fissuras múltiplas com base na medição de frequências naturais que foi verificado experimentalmente para vigas cantilever esbeltas com duas e três fissuras de bordo normais. A análise baseia-se no método da energia e na representação de uma fenda por uma mola rotativa. Para a previsão teórica, a viga é dividida num certo número de segmentos e cada segmento é considerado associado a um índice de dano. O índice de dano é um indicador da extensão da energia de deformação armazenada na mola rotativa. A dimensão da fenda é calculada utilizando uma relação padrão entre a rigidez e a dimensão da fenda. O número de frequências medidas igual ao dobro do número de fissuras é adequado para prever a localização e o tamanho de todas as fissuras.

Ruotolo et al. [15] investigaram a resposta forçada de uma viga em consola com uma fenda que abre ou fecha completamente, para determinar a profundidade e a localização da fenda. No seu estudo, a extremidade esquerda da viga é em consola e a extremidade direita é livre. A força harmónica senoidal foi aplicada na extremidade livre da viga.

A amplitude de vibração da extremidade livre da viga foi tida em consideração. Foi demonstrado que a amplitude de vibração se altera quando a profundidade e a localização da fenda se alteram.

Suresh et al. [16] estudaram a vibração de flexão numa viga cantilever com uma fenda superficial transversal. Os parâmetros de frequência modal são calculados analiticamente para várias localizações e profundidades de fendas utilizando um modelo de fendas baseado na mecânica da fratura. Estas frequências modais calculadas são utilizadas para treinar uma rede neuronal para identificar a localização e a profundidade da fenda. A sensibilidade das frequências modais a uma fenda aumenta quando a fenda está perto da raiz e diminui à medida que a fenda se desloca para a extremidade livre da viga cantilever. Devido à natureza sensível deste problema, é utilizada uma abordagem de rede neural modular.

Yang et al. [17] desenvolveram um modelo numérico baseado na energia para investigar a influência das fendas nas caraterísticas dinâmicas da estrutura durante a vibração de uma viga com fendas abertas. Após a determinação da energia de deformação na viga fendilhada, é calculada a rigidez à flexão equivalente ao longo do comprimento da viga.

Zheng e Kessissoglou [18] estudaram as frequências naturais e as formas próprias de uma viga fendilhada utilizando o método dos elementos finitos. Uma matriz de flexibilidade adicional global, em vez da matriz de flexibilidade adicional local, é adicionada à matriz de flexibilidade do elemento de viga intacto correspondente para obter a matriz de flexibilidade total e, por conseguinte, a matriz de rigidez. Em comparação com os resultados analíticos, a nova matriz de rigidez obtida utilizando a matriz de flexibilidade adicional global pode fornecer frequências naturais mais exactas do que as resultantes da utilização da matriz de flexibilidade adicional local. Por conseguinte, considera-se que a análise de elementos finitos e a análise experimental para determinar a frequência natural da viga em consola serão úteis para a construção de vigas utilizadas numa variedade de aplicações.

2.2TEORIA DAS VIBRAÇÕES

Qualquer movimento que se repete após um intervalo de tempo é designado por vibração ou oscilação. A vibração pode ser utilizada para fins úteis, como equipamento de ensaio de vibrações, transportadores vibratórios, tremonhas, peneiras e comparadores. É muito útil em oficinas mecânicas, por exemplo, para melhorar a eficiência das técnicas de maquinagem, fundição, forja e soldadura, instrumentos musicais e sismos para investigação geológica. Na análise das vibrações, podemos deduzir as equações do movimento de um sistema vibratório e descobrir a resposta das vibrações sob a forma de frequências naturais e deslocamentos. Existem vários métodos teóricos de análise de vibrações,

1) Método da energia
2) Método de Rayleigh e
3) Método de equilíbrio.

No nosso trabalho na área da análise de vibrações pretendemos desenvolver uma abordagem computacional eficiente para sistemas ressonantes que são obtidos a partir da análise de modelos e de métodos aproximados.

Vibrações: A vibração mecânica é definida como o movimento de um sistema (uma partícula ou um corpo) que oscila em torno da sua posição de equilíbrio estável. As vibrações são deslocações dependentes do tempo de uma partícula ou de um sistema de partículas em relação a uma posição de equilíbrio. Se estas deslocações forem repetitivas e as suas repetições forem executadas em intervalos de tempo iguais em relação à posição de equilíbrio, diz-se que o movimento resultante é periódico.

A vibração mecânica resulta geralmente quando um sistema é deslocado de uma posição de equilíbrio estável. O sistema tende a regressar à sua posição de equilíbrio em virtude das forças de restauração. No entanto, o sistema geralmente atinge a sua posição original com uma certa velocidade adquirida que o leva para além dessa posição. Idealmente, este movimento pode repetir-se indefinidamente. Quando o movimento de vibração é mantido apenas pelas forças de restauração, a vibração é denominada vibração livre. A frequência natural é definida como a taxa inerente mais baixa (ciclos por segundo ou radianos por segundo) de vibração livre de um sistema vibratório. A sua unidade é Hz ou rads-1 e é designada por (fl$_n$.

Um dos parâmetros mais importantes associados à engenharia de vibrações é a frequência natural. Cada estrutura tem a sua própria frequência natural para uma série de modos diferentes que controlam o seu comportamento dinâmico. Sempre que a frequência natural de um modo de vibração de uma estrutura coincide com a frequência da carga dinâmica externa, isto leva a deflexões excessivas e potenciais falhas catastróficas. Este é o fenómeno da ressonância. Um exemplo de falha estrutural sob carga dinâmica foi a bem conhecida ponte Tacoma Narrows durante a vibração induzida pelo vento. O amortecimento é a dissipação de energia num sistema oscilante. Limita a amplitude na ressonância. Todos os sistemas vibratórios são amortecidos, até certo ponto, por forças de fricção. Estas forças podem ser causadas por atrito seco ou atrito de Coulomb, entre corpos rígidos, por atrito de fluido quando um corpo rígido se move num fluido, ou por atrito interno entre as moléculas de um corpo aparentemente elástico.

Diz-se que qualquer estrutura que tenha alguma massa e elasticidade vibra. Quando a amplitude destas vibrações excede o limite permitido, ocorre a falha da estrutura. Para evitar este tipo de situação, é necessário conhecer as frequências de funcionamento dos materiais em várias condições, tais como simplesmente apoiados, fixos ou em consola.

Os métodos baseados em vibrações podem ser classificados em duas categorias: abordagens lineares e não lineares. As abordagens lineares detectam a presença de fissuras num objeto alvo através da monitorização de alterações nas frequências ressonantes, nas formas próprias ou nos factores de amortecimento. Dependendo dos pressupostos, do tipo de análise, das caraterísticas gerais da viga e do tipo de carga ou excitação, foram publicados na literatura relevante vários trabalhos de investigação com uma variedade de abordagens diferentes.

2.3 CLASSIFICAÇÃO DAS VIBRAÇÕES

A vibração pode ser classificada de várias formas. Algumas das classificações mais importantes são as seguintes

Vibração livre e forçada: - Se um sistema, após uma perturbação interna, for deixado a vibrar por si próprio, a vibração que se segue é conhecida como vibração livre. Nenhuma força externa actua sobre o sistema. A oscilação de um pêndulo simples é um exemplo de vibração livre.

Se um sistema for sujeito a uma força externa (frequentemente, um tipo de força repetitiva), a vibração resultante é conhecida como vibração forçada. A oscilação que surge em máquinas como os motores a gasóleo é um exemplo de vibração forçada.

Se a frequência da força externa coincidir com uma das frequências naturais do sistema, ocorre uma condição conhecida como ressonância, e o sistema sofre oscilações perigosamente grandes. As falhas de estruturas como edifícios, pontes, turbinas e aviões têm sido associadas à ocorrência de ressonância.

Vibração não amortecida **e amortecida:**- Se nenhuma energia é perdida ou dissipada por atrito ou outra resistência durante a oscilação, a vibração é conhecida como vibração não amortecida. No entanto, se houver perda de energia desta forma, chama-se vibração amortecida. Em muitos sistemas físicos, a quantidade de amortecimento é tão pequena que pode ser ignorada para a maioria dos objectivos de engenharia. No entanto, as considerações sobre o amortecimento tornam-se extremamente importantes na análise de sistemas vibratórios próximos da ressonância.

Vibrações lineares e não lineares:- Se todos os componentes básicos do sistema vibratório - a mola, a massa e o amortecedor - se comportarem linearmente, a vibração resultante é conhecida como vibração linear. Se, no entanto, algum dos componentes básicos se comportar de forma não linear, a vibração é designada por vibração não linear.

2.4 TEORIA DO CRACK

Fissura: -Uma fenda num elemento estrutural introduz uma flexibilidade local que pode afetar a resposta vibratória da estrutura. Esta propriedade pode ser utilizada para encontrar as frequências de funcionamento dos materiais e para detetar a existência de uma fenda, bem como a sua localização e profundidade no elemento estrutural. A presença de uma fissura num elemento estrutural altera a conformidade local que afectaria a resposta vibratória sob cargas externas.

Normalmente, as dimensões físicas, as condições de fronteira e as propriedades dos materiais da estrutura desempenham um papel importante na determinação da sua resposta dinâmica. As suas vibrações provocam alterações nas caraterísticas dinâmicas das estruturas. Para além disso, a presença de uma fenda nas estruturas modifica o seu comportamento dinâmico. Os seguintes aspectos da fissura influenciam grandemente a resposta dinâmica da estrutura.

(i) A posição da fenda

(ii) A profundidade da fenda

(iii) A orientação da fenda

(iv) O número de fissuras

2.4.1 CLASSIFICAÇÃO DAS FISSURAS

Com base nas suas geometrias, as fissuras podem ser classificadas da seguinte forma:

- As fissuras perpendiculares ao eixo da viga são conhecidas como **"fissuras transversais".** Estas são as mais comuns e mais graves, pois reduzem a secção transversal e, consequentemente, enfraquecem a viga. Introduzem uma flexibilidade local na rigidez da viga devido à concentração de energia de deformação na vizinhança da ponta da fenda.
- As fendas paralelas ao eixo da viga são conhecidas como **"fendas longitudinais".** Não são muito comuns, mas representam um perigo quando a carga de tração é aplicada perpendicularmente à direção da fenda, ou seja, perpendicularmente ao eixo da viga ou perpendicular à fenda.
- **As "fissuras oblíquas"** (fissuras em ângulo com o eixo da viga) também são encontradas, mas não são muito comuns. Estas influenciam o comportamento de torção da viga. O seu efeito nas vibrações laterais é menor do que o das fissuras transversais de gravidade comparável.
- As fissuras que se abrem quando a parte afetada do material é sujeita a tensões de tração e se fecham quando a tensão é invertida são conhecidas como **"fissuras de respiração".** A rigidez n do componente é mais influenciada quando está sob tensão. A respiração da fenda resulta em não-linearidade no comportamento de vibração da viga. As fendas respiram quando o tamanho das fendas é pequeno, as velocidades de deslocação são baixas e as forças radiais são grandes.
- As fendas que permanecem sempre abertas são conhecidas como **"fendas abertas".** São mais corretamente designadas por **"entalhes".** As fendas abertas são fáceis de imitar em ambiente laboratorial e, por isso, a maior parte do trabalho experimental centra-se neste tipo específico de fenda.
- As fissuras que se abrem na superfície são designadas por **"fissuras de superfície".** Normalmente, podem ser detectadas através de técnicas como a penetração de corantes ou a inspeção visual.
- As fissuras que não se manifestam à superfície são designadas por **"fissuras subsuperficiais".** Para as detetar, são necessárias técnicas especiais, tais como ultra-sons, partículas magnéticas, radiografia ou queda de tensão no veio. As fissuras superficiais têm um efeito maior do que as fissuras subsuperficiais no comportamento vibratório dos veios.

2.5 MECÂNICA DA FRACTURA

Um componente de uma estrutura pode ser suscetível a um, dois ou mais tipos de falha. Por exemplo,

sob determinadas condições de carga, é mais provável que um rolamento de rolos falhe por fadiga dos seus rolos após um determinado número de rotações.
Assim, devemos conhecer as diferentes condições que podem causar a falha de um componente estrutural. Algumas das causas mais comuns de falha são:

- Rendimento
- Encurvadura
- Fratura
- Degradação ambiental
- Impacto
- Desvio para além de uma determinada fase
- Fadiga
- Arrepio
- Ressonância
- Desgaste

Um componente é projetado de modo a evitar a cedência do ponto mais carregado (ponto crítico). A segurança contra a rotura por cedência é considerada o requisito básico da estrutura.

A mecânica da fratura baseia-se no pressuposto implícito de que existe uma fenda num componente de trabalho. A fenda pode ser de origem humana, como um furo, um entalhe, uma ranhura, um canto reentrante, etc. A fenda pode existir no interior de um componente devido a defeitos de fabrico, como a inclusão de escória, fendas nas zonas afectadas pelo calor da soldadura devido a um arrefecimento desigual e à presença de partículas estranhas.

A fenda perigosa pode ser nucleada e crescer durante o serviço do componente (fendas geradas pela fadiga, nucleação de entalhes devido à dissolução ambiental). A mecânica da fratura trata da questão - é provável que uma fenda conhecida cresça sob uma determinada condição de carga? A mecânica da fratura também é aplicada ao crescimento de fendas sob carga de fadiga. Inicialmente, a carga flutuante nucleia uma fenda, que depois cresce lentamente e, por fim, a taxa de crescimento da fenda por ciclo ganha velocidade. Depois disso, chega a fase em que o comprimento da fenda é suficientemente longo para ser considerado crítico para uma falha de fratura catastrófica.

2.5.1 FRACTURA FRÁGIL E DÚCTIL

Alguns materiais são conhecidos como frágeis porque uma fenda se move facilmente através do material. Se tomarmos uma superfície fracturada de uma falha frágil e fizermos a sua secção transversal para estudar a profundidade até à qual o material é afetado pelo crescimento frágil, verificamos que o material é influenciado a uma profundidade muito pequena. O resto do material não é afetado. Pelo contrário, a fratura dúctil provoca uma grande quantidade de deformação plástica a uma profundidade significativa.

A fratura frágil em metais cristalinos pode ser classificada em dois grandes grupos, intergranular e transgranular. Uma fenda de fratura intergranular move-se ao longo dos limites dos grãos, como se mostra na figura. As fracturas transgranulares ocorrem através de fracturas no interior dos grãos. Dentro de um grão, a fratura por clivagem ocorre ao longo de um plano cristalográfico fraco. De facto, a fratura por clivagem é a forma mais frágil de fratura e dificilmente danifica as superfícies fracturadas. Quando a fenda de clivagem atinge o limite do grão, encontra outra orientação favorável no grão seguinte.

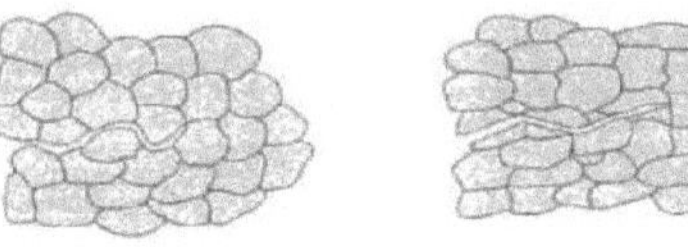

(a) Intergranular (b) Transgranular

Fig.2.1 Fratura frágil

O crescimento da fratura dúctil ocorre devido à deformação plástica substancial e à criação de micro-vazios. O material deforma-se plasticamente devido a micro mecanismos, tais como a nucleação e o movimento de deslocações, a formação de gémeos, etc. Os materiais de engenharia são geralmente conhecidos por terem partículas de segunda fase. Formam-se pequenos vazios nos lados destas partículas sob o campo de tração da ponta da fenda. O movimento de deslocação contribui para a formação destes vazios. O crescimento da fenda dúctil ocorre pela coalescência destes vazios. A superfície fracturada de uma falha dúctil apresenta pequenas covinhas que tornam a superfície muito rugosa. De facto, em torno de uma dessas covinhas, pode ser identificada uma partícula de segunda fase. A deformação plástica e a coalescência dos vazios absorvem uma grande quantidade de energia. Por conseguinte, uma fenda não se desenvolve facilmente em materiais dúcteis.

Verifica-se frequentemente que materiais que são muito dúcteis em condições normais de temperatura ambiente se comportam como materiais frágeis em determinadas circunstâncias especiais. O aço, bastante dúctil à temperatura ambiente, torna-se frágil a baixas temperaturas. Este facto explica porque é que as estruturas soldadas dos navios Liberty na Segunda Guerra Mundial falharam de forma frágil no Oceano Atlântico Norte. Certos materiais apresentam um efeito considerável da taxa de deformação na sua tenacidade. Uma placa espessa de um material normalmente dúctil pode também permitir o crescimento de uma fenda frágil.

MODOS DE FRACTURA:-

Os três tipos básicos de carga que uma fenda sofre são

- **O modo I** corresponde ao modo de abertura em que as faces da fenda se separam numa direção normal ao plano da fenda e os correspondentes deslocamentos das paredes da fenda são simétricos em relação à frente da fenda. O carregamento é normal ao plano da fenda e tende a abrir a fenda. O modo I é geralmente considerado a situação de carregamento mais perigosa.
- **O modo II** corresponde a uma carga de cisalhamento no plano e tende a deslizar uma face da fenda em relação à outra (modo de cisalhamento). A tensão é paralela à direção de crescimento da fenda.
- **O modo III** corresponde ao cisalhamento fora do plano, ou rasgamento. Neste modo, as faces da fenda são cortadas paralelamente à frente da fenda.

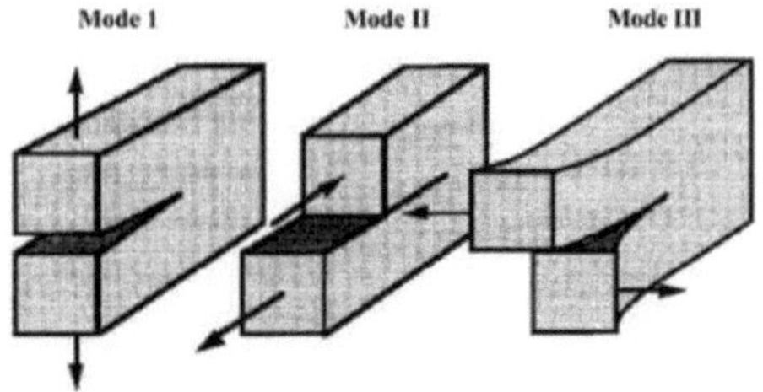

Fig.2.2. Três modos básicos de fratura.

- **FACTOR DE INTENSIDADE DE TENSÃO (SIF), K: -**

É definido como uma medida da intensidade do campo de tensões perto da ponta de uma fenda ideal num sólido elástico linear quando as superfícies da fenda são deslocadas no modo de abertura (Modo I). (O SIF depende do carregamento, da dimensão da fenda, da forma da fenda e dos limites geométricos do provete. As unidades recomendadas para K são MP a^m. É habitual escrever a fórmula geral sob a forma K=YOA/ 7ia onde o é a tensão aplicada, a é a profundidade da fenda, Y é o fator de forma sem dimensão.

2.6 MÉTODO DOS ELEMENTOS FINITOS

A Análise de Elementos Finitos é uma representação matemática de um sistema físico que inclui uma peça/montagem (modelo), propriedades materiais e condições de fronteira aplicáveis {pré-processamento}, a solução dessa representação matemática {solução} e o estudo dos resultados dessa solução {pós-processamento}. Formas simples e problemas simples podem ser, e são frequentemente, resolvidos à mão. A maioria das peças e montagens do mundo real são demasiado complexas para serem feitas com precisão, e muito menos rapidamente, sem a utilização de um computador e de um software de análise apropriado.

A deteção de fissuras num disco anular foi efectuada por dois métodos. Em primeiro lugar, é desenvolvido o modelo de elementos finitos da viga cantilever fendilhada e a viga é dividida num certo número de elementos, assumindo-se que a posição da fenda se situa em cada um dos elementos. De seguida, para cada posição da fenda em cada elemento, a profundidade da fenda é variada. A análise modal para cada posição e profundidade é então efectuada para determinar as frequências naturais do disco.

2.6.1 TIPOS DE ANÁLISES EFECTUADAS PELO FEA:

1. Análise estrutural:

Os modelos lineares e não lineares são abrangidos. No caso dos modelos lineares, são utilizados parâmetros simples e assume-se que o material não se pode deformar plasticamente. No caso dos modelos não lineares, o material é sujeito a tensões que ultrapassam as suas propriedades elásticas, pelo que a tensão no material varia com a quantidade de deformação.

2. Análise de vibrações:

Neste caso, o material é testado quanto a choques, impactos e vibrações contínuas e súbitas. Esta situação afecta a frequência natural das estruturas e pode causar ressonância e subsequente falha.

3. Análise de fadiga:

Ajuda a prever o ciclo de vida de um material através de cargas cíclicas no material. Ajuda a conhecer as áreas mais propensas à propagação de fissuras.

4. Análise de transferência de calor:

Ajuda a prever a condutividade térmica ou a dinâmica dos fluidos do material.

2.6.2 FUNÇÃO E UTILIZADORES DO FEA:

A FEA ajuda o projetista a conhecer todas as tensões teóricas dentro da estrutura, mostrando todas as áreas problemáticas em pormenor e ajudando assim o projetista a prever a falha da estrutura. É um método económico para determinar as causas da falha e a forma como as falhas podem ser evitadas. No nosso estudo, estamos a analisar a viga fendilhada no método FEA utilizando um software conhecido como ANSYS. Este software tem várias aplicações na simulação de eventos mecânicos e na dinâmica de fluidos computacional. Neste caso, o modelo é primeiro concebido em **CATIA** e depois importado para o software ANSYS, onde, depois de dadas as condições de fronteira adequadas, se obtêm resultados em três modos de frequências naturais.

Na maior parte dos casos, os utilizadores de FEA podem ser agrupados como **avançados, intermédios** ou **fundamentais.**

1) . Avançado

Tradicionalmente, um analista (especialista em FEA) passaria bastante tempo a aprender como aplicar e utilizar corretamente o software de FEA para problemas avançados que envolvam propriedades não lineares dos materiais (compósitos, altamente elásticos, etc.), condições geométricas não lineares (o que acontece após o rendimento do material e para além da falha), condições temporais (testes de queda, testes de colisão, radiação térmica) e dinâmicas (análise de sismos), para citar apenas algumas. Normalmente, um analista passa a maior parte do seu tempo a utilizar software de FEA e muito pouco num sistema de modelação CAD. Os analistas são quase sempre engenheiros licenciados que pouco projectam, mas são altamente considerados na sua empresa pela sua experiência. Este utilizador efectua todos os tipos de análise, desde a fundamental à avançada. Devido à sua experiência, a maior parte dos seus esforços são despendidos em análises avançadas, deixando pouco tempo para os problemas de análise fundamental normalmente encontrados pelos engenheiros.

2) . Intermediário

O utilizador intermédio da FEA é também quase sempre um engenheiro diplomado que pode dividir o seu tempo entre a conceção do produto (com ou sem CAD) e o software de análise, resolvendo problemas tanto intermédios como fundamentais. Na escala de utilizadores, estes utilizadores intermédios são mais numerosos do que os analistas. O ANSYS Workbench Simulation responde a toda a gama fundamental e a algumas das necessidades da gama média destes utilizadores nas áreas da fadiga, controlos manuais de refinamento de malha, malha de cascas, análise harmónica e condições de contacto não lineares.

3) . Fundamental

A maior parte da FEA é utilizada para problemas de análise fundamentais abordados pelo ANSYS Workbench Simulation; tensão linear/estática, deflexão, fator de segurança, térmico e modal. O utilizador típico do Workbench Simulation (normalmente Design Space) é um utilizador ocasional de FEA, passando a maior parte do seu tempo a desenhar em CAD, e deve ter um bom "senso comum de engenharia". Este utilizador pode ou não ser um engenheiro diplomado, mas deve ter uma boa compreensão da forma como o produto que está a ser concebido será utilizado, para que possa ser corretamente simulado. Embora praticamente qualquer pessoa possa utilizar esta classe de ferramentas, o software não pode substituir um bom pensamento crítico: O produto está a comportar-se como esperado (utilizei as cargas/suportes corretos)? As respostas estão dentro dos intervalos esperados (utilizei os materiais e o sistema de unidades corretos)? Em suma, será que tudo faz sentido e como podem os resultados ser utilizados para avaliar corretamente o projeto.

O domínio da Mecânica pode ser subdividido em três grandes áreas:

- Teórico

Mecânica - Aplicada

- Computacional

A mecânica teórica trata das leis e princípios fundamentais da mecânica estudados pelo seu valor científico intrínseco. A mecânica aplicada transfere estes conhecimentos teóricos para aplicações científicas e de engenharia, especialmente no que diz respeito à construção de modelos matemáticos de fenómenos físicos. A mecânica computacional resolve problemas específicos por simulação através de métodos numéricos implementados em computadores digitais.

2.6.3 PRESSUPOSTOS PARA O FEA

1. **Estrutura Linear:** Os deslocamentos calculados são diretamente proporcionais à carga aplicada a uma peça ou conjunto. O comportamento linear resulta quando o declive da curva tensão-deformação na região elástica (medido como o Módulo de Elasticidade) é constante.

2. **Estrutura elástica:** Uma peça ou conjunto regressa à sua forma original quando as cargas são removidas. O comportamento elástico resulta quando a tensão numa peça corresponde à região elástica da curva tensão-deformação do material.

3. **Pequenos deslocamentos:** Os deslocamentos calculados são pequenos em comparação com as dimensões principais da peça. Por exemplo, se se estudar a deflexão de uma viga, o deslocamento calculado deve ser significativamente inferior à secção mínima da viga. O pressuposto de pequenos deslocamentos está relacionado com a análise de pequenas deformações, na qual é necessário que as deformações normais sejam muito pequenas em comparação com uma.

4. **Contacto Linear:** As condições de contacto entre duas ou mais peças de um conjunto são tratadas de forma linear. Para análises de tensão, forma e modal, apenas as condições de contacto com ligação e sem atrito (sem separação) são suportadas. Como tal, o ANSYS Workbench não trata o atrito não linear e o contacto não linear aberto-fechado (gaping). Para a análise térmica, o calor flui através das superfícies de contacto sob o pressuposto de que não existe resistência térmica de contacto.

5. **Contacto não linear:** O módulo Optima opcional permite a existência de condições de contacto não lineares de elevação ("Frictionless" e "Rough") entre duas ou mais peças de uma montagem. Estas condições requerem substancialmente mais recursos de CPU para serem calculadas e são melhor utilizadas em

modelos mais pequenos cujos comportamentos são bem compreendidos.

6. Vibração sem amortecimento e de pequena amplitude: Uma peça ou conjunto vibra de tal forma que as suas deformações são muito pequenas em comparação com o seu tamanho e os efeitos de amortecimento são ignorados.

7. Transferência de calor em estado estacionário: Os efeitos transientes são ignorados e todos os resultados e cargas são independentes do tempo.

2.7 ANÁLISE MODAL

O mesmo conjunto de comandos é utilizado para a análise modal que é utilizado em qualquer outro tipo de análise de elementos finitos. A análise modal determina as caraterísticas de vibração (frequências naturais e formas próprias) de uma estrutura ou de componentes de uma máquina. A análise modal experimental de um sistema trata da determinação das **frequências naturais,** das relações de amortecimento e das formas próprias através de ensaios de vibração. No caso de vibração forçada, a análise inclui o estudo das respostas de aceleração, velocidade e deslocamento dos sistemas.

A análise modal é a identificação das caraterísticas de vibração de estruturas elásticas. Consiste em descrever um sistema através dos seus parâmetros modais: frequências naturais, amortecimento natural e modos naturais. Este estudo permite uma melhor compreensão do fenómeno de vibração encontrado na engenharia e o seu objetivo é obter dados de experiências para determinar as caraterísticas do sistema. Os dados podem ser utilizados de várias formas, dependendo dos objectivos a atingir.

Uma razão para efetuar medições numa estrutura de ensaio real é a necessidade de comparar a vibração experimental com os dados produzidos por um programa de simulação, como um programa MEF, por exemplo. O objetivo é a validação do modelo teórico antes da sua utilização posterior, com excitações mais complexas como choques ou mudanças de patamar. Outra forma de utilizar a informação fornecida pela análise modal é obter uma função de resposta em frequência (FRF) a partir do modelo teórico e da estrutura de ensaio real e comparar ambos os resultados. A análise modal pode ser utilizada para descrever quantitativamente um elemento mecânico que terá de fazer parte de um conjunto maior. São necessários dados exactos sobre as frequências naturais, o amortecimento e as formas próprias. Isto é referido como um processo de subestruturação e está na análise teórica de estruturas complexas.

Este método também pode ser utilizado para prever o comportamento vibratório de um elemento de máquina que tenha de ser modificado por qualquer razão, incluindo a modificação das próprias propriedades de vibração, reduzindo a amplitude de vibração a uma dada frequência ou deslocando a frequência de ressonância de um dado modo.

Outra aplicação do ensaio modal é a determinação da força. Dado um modelo teórico e a vibração medida numa estrutura real, é possível determinar as forças que actuam sobre a estrutura real. No entanto, este método é muito sensível a imprecisões de modelação e pequenos erros podem ter consequências enormes. A análise modal precisa requer a compreensão da base teórica da vibração, a medição exacta da vibração, a análise cuidadosa e detalhada dos dados.

- Definir preferências. (Estrutural)

Definir materiais

2. Definir propriedades constantes do material.

Modelar a geometria

3. Seguir a modelação ascendente e criar a geometria

Gerar malha

4. Definir o tipo de elemento.
5. Malha na zona.

Aplicar condições de fronteira

6. Aplicar restrições ao modelo.

Obter solução

7. Especificar tipos e opções de análise.
8. Resolver.

2.7.1 GERAR A MALHA NO ANSYS

A geração de malhas é um dos aspectos mais críticos da simulação de engenharia. Um número excessivo de células pode resultar em longas execuções do solver, e um número insuficiente pode levar a resultados imprecisos. A tecnologia ANSYS Meshing fornece um meio para equilibrar estes requisitos e obter a malha correta para cada simulação da forma mais automatizada possível. A tecnologia ANSYS Meshing foi construída com base nos pontos fortes das ferramentas de malha líderes de mercado. Os aspectos mais fortes destas ferramentas separadas foram reunidos num único ambiente para produzir algumas das malhas mais poderosas disponíveis. O ambiente de malha altamente automatizado torna simples a geração dos seguintes tipos de malha:

Tetraédrico

Hexaédrico

Camada de inflação prismática

Camada de insuflação hexaédrica

Núcleo hexaédrico

Corpo adaptado cartesiano

Célula de corte cartesiana

Diferentes físicas requerem diferentes abordagens de criação de malhas. As simulações de dinâmica de fluidos requerem malhas de muito alta qualidade, tanto em termos de forma dos elementos como de suavidade de alterações de tamanho. As simulações de mecânica estrutural precisam de utilizar a malha de forma eficiente, uma vez que os tempos de execução podem ser prejudicados com contagens elevadas de elementos. O ANSYS Meshing possui uma configuração de preferência física que garante a malha correta para cada simulação.

2.7.1.1 TIPOS DE MALHAGEM:-São os seguintes os tipos de malhagem no ANSYS

(A) Malha por Algoritmo

(1) Conformidade das manchas ii) Independente das manchas.

(B) Criação de malha por forma de elemento

(i) Malha Tet (ii) Malha Hex (iii) Malha Quad (iv) Malha Triangular

2.7.1.2 MALHA DE UM MODELO SÓLIDO

O procedimento para gerar uma malha de nós e elementos consiste em três etapas principais:

- Definir os atributos do elemento.
- Definir os controlos das malhas (opcional). O ANSYS oferece um grande número de controlos de malha, que podemos escolher de acordo com as nossas necessidades. Mesh Controls Used for Free and Mapped Meshing para descrições destes controles de malha.
- Gerar a malha. O segundo passo, definir os controlos de malha, nem sempre é necessário porque os controlos de malha predefinidos são apropriados para muitos modelos. Se nenhum controlo for especificado, o programa utilizará as configurações padrão no comando **DESIZE** para produzir uma **malha Livre.** Como alternativa, podemos utilizar a função Smart Size para produzir uma malha livre de melhor qualidade.

2.7.1.3 MALHAS LIVRES E MAPEADAS

Antes de criar a malha do modelo, e mesmo antes de construir o modelo, é importante pensar se uma malha livre ou uma malha mapeada é apropriada para a análise. Uma malha livre não tem restrições em termos de formas de elementos e não tem nenhum padrão especificado aplicado a ela.

Em comparação com uma malha livre, uma malha cartografada é limitada em termos da forma dos elementos que contém e do padrão da malha. Uma malha de área mapeada contém apenas elementos quadriláteros ou triangulares, enquanto uma malha de volume mapeada contém apenas elementos hexaédricos. Além disso, uma malha mapeada tem normalmente um padrão regular, com filas óbvias de elementos. Se quisermos este tipo de malha, temos de construir a geometria como uma série de volumes e/ou áreas bastante regulares que possam aceitar uma malha mapeada.

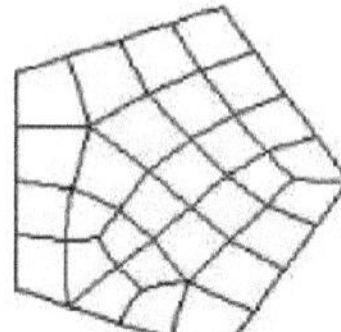 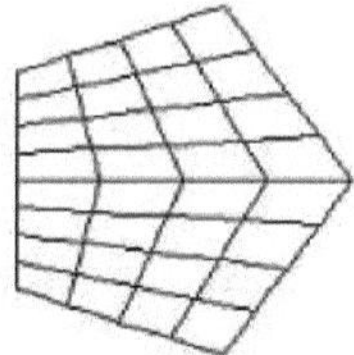

Fig.2.3. Malha livre e malha mapeada.

Nas operações de criação de malhas livres, nenhum requisito especial restringe o modelo sólido. Qualquer geometria do modelo, mesmo que seja irregular, pode ser entalhada. As formas dos elementos utilizados dependerão do facto de se estar a criar uma malha de áreas ou de volumes. Para a criação de malhas de áreas, uma malha livre pode consistir apenas em elementos quadrilaterais, apenas em elementos triangulares ou numa mistura dos dois. Para a criação de malhas de volume, uma malha livre é normalmente limitada a elementos tetraédricos. Os elementos em forma de pirâmide podem também ser introduzidos na malha tetraédrica para efeitos de transição.

Se o tipo de elemento escolhido for estritamente triangular ou tetraédrico (por exemplo, PLANE2 e SOLID92), o programa utilizará apenas essa forma durante a criação da malha. No entanto, se o tipo de elemento escolhido permitir mais do que uma forma (por exemplo, PLANE82 ou SOLID95), podemos especificar qual a forma (ou formas) a utilizar.

Dimensionamento inteligente de elementos para malhas livres

O dimensionamento inteligente de elementos (Smart Sizing) é uma funcionalidade de criação de malhas que cria tamanhos iniciais de elementos para operações de criação de malhas livres. O Smart Sizing dá à malha uma melhor hipótese de criar elementos com formas razoáveis durante a geração automática da malha. Esta funcionalidade, que é controlada pelo comando **SMRTSIZE**, oferece uma série de definições.

Definição de atributos de elementos: - Antes de gerar uma malha de nós e elementos, é necessário definir primeiro os atributos de elemento apropriados. Ou seja, é necessário especificar o seguinte:

- Tipo de elemento (por exemplo, BEAM3, SHELL61, etc.)
- Conjunto de constantes reais (geralmente compreendendo as propriedades geométricas do elemento, como a espessura ou a área da secção transversal)
- Conjunto de propriedades do material (como o módulo de Young, a condutividade térmica, etc.)
- Sistema de coordenadas do elemento

SOLID95 Elemento Descrição

O SOLID95 (3-D 20-Node Structural Solid) é uma versão de ordem superior do elemento sólido 3-D de 8 nós SOLID45. Pode tolerar formas irregulares sem perda de precisão. Os elementos SOLID95 têm formas de deslocamento compatíveis e são adequados para modelar fronteiras curvas.

O elemento é definido por 20 nós com três graus de liberdade por nó: translações nas direcções nodais x, y e z. O elemento pode ter qualquer orientação espacial. O SOLID95 tem capacidades de plasticidade, fluência, reforço de tensões, grandes deflexões e grandes deformações. Estão também disponíveis várias opções de impressão.

2.7.2 FORMAS DE MODO: -

O que são modos? Os modos (ou ressonâncias) são propriedades inerentes a uma estrutura. As ressonâncias são determinadas pelas propriedades do material (massa, rigidez e propriedades de amortecimento) e pelas condições de fronteira da estrutura.

Cada modo é definido por uma frequência natural (modal ou ressonante), um amortecimento modal e uma forma modal. Se as propriedades do material ou as condições de fronteira de uma estrutura se alterarem, os seus modos alterar-se-ão. Por exemplo, se for adicionada massa a uma bomba vertical, esta vibrará de forma diferente porque os seus modos se alteraram. Na frequência natural de um modo ou perto dela, a forma global de vibração (forma de deflexão operacional) de uma máquina ou estrutura tenderá a ser dominada pela forma modal da ressonância.

2.8 ANÁLISE EXPERIMENTAL POR FFT

A análise de frequências baseada no algoritmo da transformada rápida anterior (FFT) é a ferramenta de eleição para a medição e diagnóstico de vibrações. O analisador FFT é um instrumento virtual baseado em PC recentemente desenvolvido. Utiliza a execução de impulsos e a análise no domínio da frequência ou no domínio do tempo para introduzir o parâmetro do modelo a partir da medição da resposta em tempo real. Após a execução do impulso da amostra, o sinal de resposta analógico medido pode ser digitalizado e analisado utilizando as técnicas de domínio ou transformado para análise no domínio da frequência utilizando o analisador FFT. Os picos no espetro de resposta em frequência são a localização da frequência natural.

O parâmetro do modelo pode ser obtido a partir de um conjunto de medições da função de resposta em frequência (FRF) entre uma ou mais posições de referência e a posição de medição requerida no modelo. A frequência de resposta e o valor do amortecimento podem ser encontrados a partir de qualquer uma das medições da FRF. Na estrutura, a execução do parâmetro do modelo a partir da FRF pode ser efectuada utilizando uma variedade de algoritmos matemáticos de ajuste de curvas. A FRF pode ser obtida utilizando medições FFT multicanal. A determinação da frequência com a ajuda de PULSE

O software requer a determinação de frequências modelo. As estruturas sofrem vibrações até certo ponto e o seu projeto requer geralmente a consideração do seu comportamento oscilatório. Na prática, quase todos os problemas de vibração estão relacionados com a fraqueza estrutural, associada a

Comportamento de resposta (isto é, frequências naturais sendo excitadas por forças operacionais) pode ser mostrado que o comportamento completamente dinâmico de uma estrutura (numa dada faixa de frequência) pode ser visto como um conjunto de modelos individuais de vibração, cada um tendo uma frequência natural caraterística.

2.9 . ANÁLISE TEÓRICA

A viga com duas fissuras transversais é fixada na extremidade esquerda e livre na extremidade direita e tem uma estrutura uniforme com uma secção transversal retangular constante. Foi adotado o modelo de viga de Euler-Bernoulli. O amortecimento não foi considerado neste estudo. Na fig. (2.5) considera-se uma viga em consola de comprimento L, de secção transversal retangular uniforme B*W com fissuras localizadas nas posições Li e L_2 . Assume-se que as fendas são abertas e têm profundidades uniformes ai e a_2 respetivamente. Na presente análise, são consideradas as vibrações axiais e de flexão.

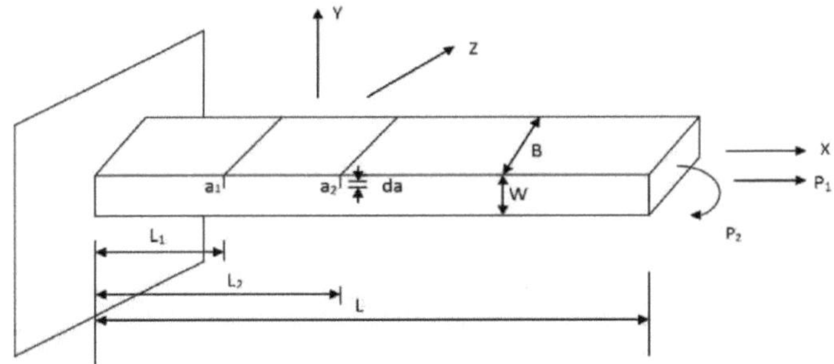

Fig.2.4. Geometria da viga em consola com duas fissuras transversais.

2.9.1 FLEXIBILIDADE LOCAL DE UMA VIGA FENDILHADA SOB FLEXÃO E CARGA AXIAL [21]

A presença de uma fenda de profundidade 1 a introduz uma matriz de flexibilidade local. A dimensão da matriz de flexibilidade local (2x2), uma vez que cada lado tem dois graus de liberdade, sendo os elementos fora da diagonal da matriz considerados como elementos de acoplamento na matriz de flexibilidade. A taxa de libertação de energia de deformação elástica J pode ser expressa da seguinte forma

$$J(a)\frac{1}{E'}(KI_1 + KI_2)^2 \qquad (2.1)$$

Em que $E' = E/(1-\upsilon^2)$para a deformação plana.

Os factores de intensidade de tensão da mecânica elementar da fratura são dados como

$$KI_1 = \frac{P_1}{BW}\sqrt{\pi a}\,\{F_1(a/W)\} \qquad (2.2)$$

$$KI_2 = \frac{6P_1}{BW}\sqrt{\pi a}\,\{F_1(a/W)\} \qquad (2.3)$$

Onde B e W são as dimensões da secção transversal e a é a profundidade da fenda, como mostra a fig.2.5. KI [e KI_2 são os factores de intensidade de tensão do modo I (abertura da fenda) para a força axial Pi e o momento fletor P_2 , respetivamente. Para garantir o modo de fissura aberta, assume-se que a viga é pré-carregada pelo seu próprio peso. Assume-se que a amplitude de vibração é bastante inferior à abertura da fenda devido à pré-carga. As funções F! e F_2 dependem da profundidade da fenda e são aproximadas como,

$$F_1\left(\frac{a}{W}\right) = \left(\frac{2W}{\pi a}\tan\left(\frac{\pi a}{2W}\right)\right)^{0.5}\left\{\frac{0.752 + 2.02\left(\frac{a}{W}\right) + 0.37(1-\sin(\pi a/2W)^3)}{\cos(\pi a/2W)}\right\}$$

$$F_2\left(\frac{a}{W}\right) = \left(\frac{2W}{\pi a}\tan\left(\frac{\pi a}{2W}\right)\right)^{0.5}\left\{\frac{0.923 + 0.199 + 0.37(1-\sin(\pi a/2W)^4)}{\cos(\pi a/2W)}\right\}$$

Além disso, a fenda produz um deslocamento adicional local Ui entre as secções direita e esquerda da fenda, de forma semelhante à da mola equivalente. Estes deslocamentos Ui na direção sob a ação da força Pi são dados pelo teorema de Castiliagno.

$$u_i = \frac{\partial}{\partial P_1}\left[\int_0^{a_1} J(a)da\right] \qquad (2.4)$$

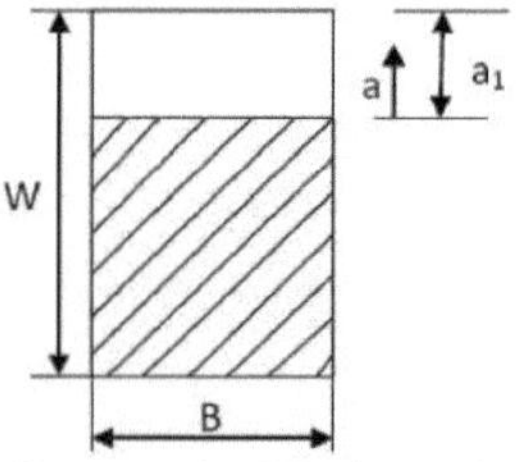

Fig.2.5.Geometria da secção fendilhada da viga em consola

Finalmente, a flexibilidade adicional introduzida devido à fissura é obtida através da combinação das relações (2.3) e (2.4) e da definição de conformidade.

$$C_{ij} = \frac{\partial u_i}{\partial P_j} = \frac{\partial^2}{\partial P_i \partial P_j}\int_0^{a_1} J(a)da \tag{2.5}$$

A matriz de flexibilidade final pode ser formada integrando-a na largura B da viga.

$$C_{ij} = \frac{\partial u_i}{\partial P_j} = \frac{\partial^2}{\partial P_i \partial P_j}\int_{-B/2}^{+B/2}\int_{a_1}^{a_1} J(a)dadz \tag{2.6}$$

Colocando o valor da taxa de libertação de energia de deformação, a equação (5.6) pode ser modificada,

$$C_{ij} = \frac{B}{E'}\frac{\partial^2}{\partial P_i \partial P_j}\int_0^{a_1}(KI_1 + KI_2)^2\ da \tag{2.7}$$

Escrevendo ξ = a/W obtém-se dξ = da/W

Obtemos da = Wdξ e Quando a=0, ξ=0 e Quando a = a1, = a1 /W =ξ1

A partir desta condição, a equação (2.7) passa a ser

$$C_{ij} = \frac{BW}{E'}\frac{\partial^2}{\partial P_i \partial P_j}\int_0^{\xi_1}(KI_1 + KI_2)^2\ d\xi \tag{2.8}$$

A partir da equação (2.8), a conformidade axial local, axial e de flexão acoplada e de flexão pode ser calculada a

$$C_{11} = \frac{BW}{E'}\int_0^{\xi_1}\frac{\pi a}{B^2W^2}2(F_1(\xi))^2\ d\xi$$

$$C_{11} = \frac{2\pi}{BE'}\int_0^{\xi_1}\xi(F_1(\xi))^2\ d\xi \tag{2.9}$$

$$C_{11} = C_{21} = \frac{12\pi}{BWE'}\int_0^{\xi_1}\xi F_1(\xi)F_2(\xi)\ d\xi \tag{2.10}$$

$$C_{22} = \frac{72\pi}{BW^2E'}\int_0^{\xi_1}\xi F_2(\xi)F_2(\xi)\ d\xi \tag{2.11}$$

Em forma adimensional, as equações (2.9) a (2.11) acima podem ser escritas como

$$\bar{C}_{11} = C_{11}\frac{BE'}{2\pi} \tag{2.12}$$

$$\bar{C}_{12} = C_{12}\frac{BWE'}{12\pi} = \bar{C}_{21} \tag{2.13}$$

$$\bar{C}_{22} = C_{22}\frac{BW^2E'}{72\pi} \tag{2.14}$$

A matriz de rigidez local pode ser obtida através da inversa da matriz de conformidade.

$$K = \begin{bmatrix} k_{11} & k_{12} \\ k_{21} & k_{22} \end{bmatrix} = \begin{bmatrix} c_{11} & c_{12} \\ c_{21} & c_{22} \end{bmatrix}^{-1}$$

A matriz de rigidez da primeira fenda

$$K' = \begin{bmatrix} c_{11} & c_{12} \\ c_{21} & c_{22} \end{bmatrix}^{-1}$$

A matriz de rigidez da segunda fenda

$$K'' = \begin{bmatrix} c''_{22} & c''_{23} \\ c''_{32} & c''_{33} \end{bmatrix}^{-1}$$

2.9.2 ANÁLISE MATEMÁTICA PARA UMA VIGA EM CONSOLA (SEM FISSURA) SUJEITA A VIBRAÇÃO LIVRE.

Para uma viga em consola sujeita a vibração livre, e o sistema é considerado como um sistema contínuo em que a massa da viga é considerada como distribuída juntamente com a rigidez do veio, a equação do movimento pode ser escrita como (Meirovitch, 1967),

$$\frac{d^2}{dx^2}\left\{EI(x)\frac{d^2Y(x)}{dx^2}\right\} = \omega^2 m(x)Y(x)(4.1)$$

Onde, E é o módulo de rigidez do material da viga, I é o momento de inércia da secção transversal da viga, $Y(x)$ é o deslocamento na direção y à distância x da extremidade fixa, ω é a frequência natural circular, m é a massa por unidade de comprimento, $m = \rho A(x)$, ρ é a densidade do material, x é a distância medida a partir da extremidade fixa.

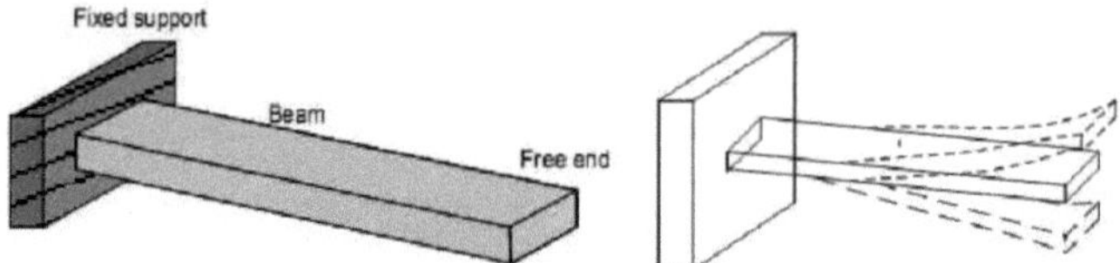

Fig.2.6 (a) Uma viga em consola Fig.2.6 (b) A viga em vibração livre

A Fig. 2.7 (a) mostra uma viga em consola com uma secção transversal retangular, que pode ser sujeita a vibração por flexão dando um pequeno deslocamento inicial na extremidade livre; e a Fig. 2.7 (b) mostra a viga em consola sob vibração livre.

Temos as seguintes condições de fronteira para uma viga cantilever (Fig. 2.7)

$$at x = 0, Y(x) = 0, \frac{dY(x)}{dx} = 0 \qquad (2.15)$$

$$at x = l, \frac{d^2Y(x)}{dx^2} = 0, \frac{d^3Y(x)}{dx^3} = 0 \qquad (2.16)$$

Para uma viga uniforme em vibração livre, a partir da equação (2.15), obtém-se

$$\frac{d^4Y(x)}{dx^4} - \beta^4 Y(x) = 0 \qquad (2.17)$$

With $\beta^4 = \frac{\omega^2 m}{EI}$

Usando a condição de fronteira da Eq.(2.15) e da Eq.(2.16), obtemos a equação de frequência como

$$\cos\beta_n L + \cosh\beta_n L = -1 \qquad (2.18)$$

Que deve ser resolvido numericamente e produz uma infinidade de soluções de βn. Correspondendo aos valores próprios de βn, as formas próprias para uma viga em consola contínua são dadas como

$$f_n(x) = A_n\{(\sin\beta_n L - \sinh\beta_n L)(\sin\beta_n x - \sinh\beta_n x) + (\cos\beta_n L + \cosh\beta_n L)(\cos\beta_n x - \cosh\beta n x \qquad (2.19)$$

Onde

$$n = 1,2,3 \ldots . \infty \; and \; \beta_n L = \alpha_n$$

Uma forma fechada da frequência natural circular ("''/, a partir da equação de movimento e das condições de fronteira acima referidas, pode ser escrita como

$$\omega_{nf} = \alpha_n^2 \sqrt{\frac{EI}{mL^4}} \qquad (2.20)$$

A Eq. (2.19) é satisfeita por um certo número de valores deβ_n L, correspondentes a cada modo normal de oscilação, que para os três primeiros modos são dados como

$$\alpha_n = 1.8754, 4.694, 7.885$$

Assim, a primeira frequência natural

$$\omega_{nf} = 1.875^2 \sqrt{\frac{EI}{\rho AL^4}} \qquad (2.21)$$

Segunda frequência natural

$$\omega_{nf} = 4.694^2 \sqrt{\frac{EI}{\rho AL^4}} \qquad (2.22)$$

Terceira frequência natural

$$\omega_{nf} = 7.855^2 \sqrt{\frac{EI}{\rho AL^4}} \qquad (2.23)$$

A frequência natural está relacionada com a frequência natural circular da seguinte forma

$$f_{nf} = \frac{\omega_{nf}}{2\pi} Hz \qquad (2.24)$$

Sendo *I* o momento de inércia da secção transversal da viga, para uma secção transversal circular é dado por

$$I = \frac{\pi}{64} d^4 \qquad (2.25)$$

Onde, *d* é o diâmetro da secção transversal e para uma secção transversal retangular

$$I = \frac{bd^3}{12} \qquad (2.26)$$

Onde *b* e *d* são a largura e a largura da secção transversal da viga, como mostra a Fig. 2.8

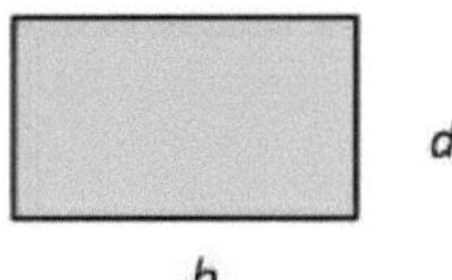

Fig.2.7 Secção transversal de uma viga em consola

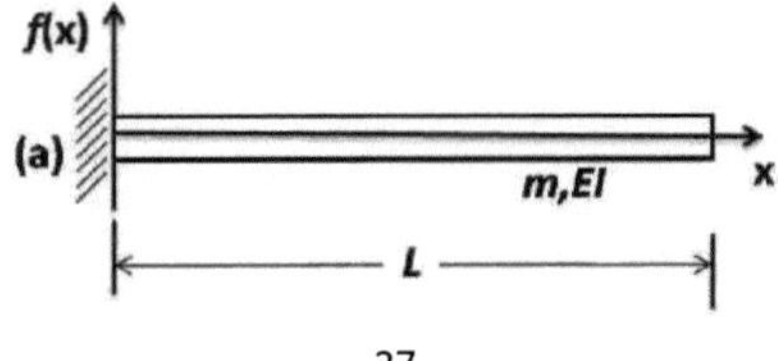

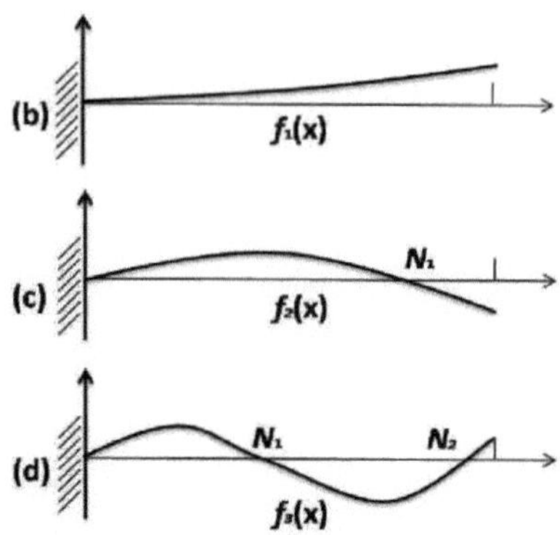

Fig.2.8 As três primeiras frequências naturais não amortecidas e a forma própria

CAPÍTULO 3
ANÁLISE EXPERIMENTAL

3.1. ANALISADOR DE FFT

A Transformada Rápida de Fourier é um algoritmo matemático computorizado para transformar sinais de vibração do domínio do tempo (forma de onda temporal) para o domínio da frequência. A Transformada de Fourier, um gráfico de amplitude de vibração versus frequência, é especialmente útil para a análise de frequência, que é o método analítico mais frequentemente utilizado para o reconhecimento de falhas em máquinas operacionais.

3.2. EQUIPAMENTOS NECESSÁRIOS:

1. Modelo de martelo.
2. Acelerómetro.
3. Pulso portátil.
4. Conectores
5. Espécime.
6. Unidade de visualização.

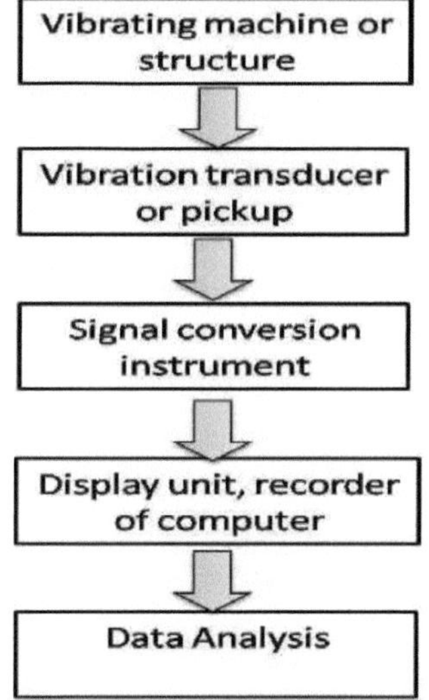

Fig.3.1. Esquema de medição de vibrações

3.3. DESCRIÇÃO DO EQUIPAMENTO

(1) Acelerómetro Deltatron: - O acelerómetro Deltatron combina alta sensibilidade, dimensões físicas baixas e pequenas, tornando-o ideal para a análise de modelos. As fendas no invólucro do oscilómetro facilitam a montagem com caixa de abelha que se encaixa facilmente na placa.

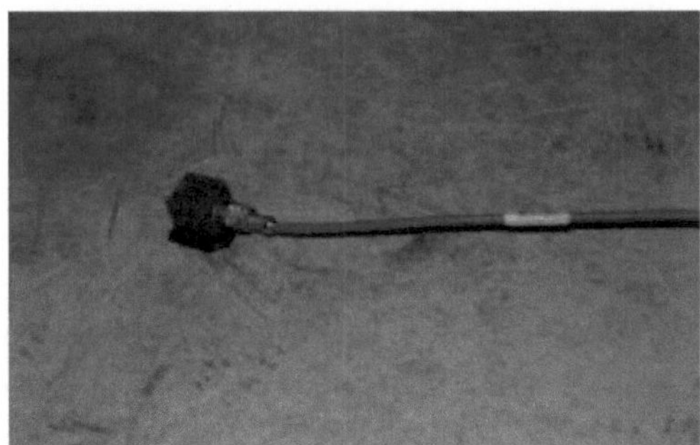

Fig.3.2 Acelerómetro Deltatron

(2) Martelo modelo:- O martelo modelo sai da estrutura com uma força constante numa gama de frequências de interesse. A estrutura do martelo é compensada em termos de aceleração para evitar falhas no espetro devido à ressonância da estrutura do martelo.

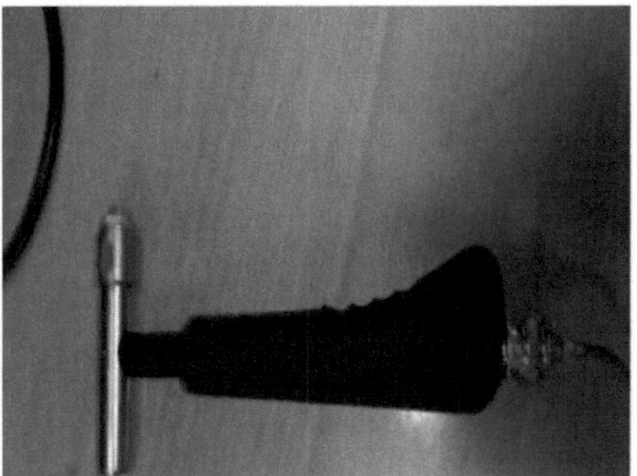

Fig.3.3 Modelo de martelo

(3) Pulso portátil tipo T (3560C)

Sistema analisador de impulsos Bruel e kjaer tipo - 3560. O software de análise foi utilizado para medir as gamas de frequência a que as fundações de várias máquinas estão sujeitas quando a máquina está a funcionar sem carga e com carga total. Isto ajudar-nos-á a conceber as fundações de várias máquinas de modo a que sejam capazes de resistir às vibrações nelas causadas.

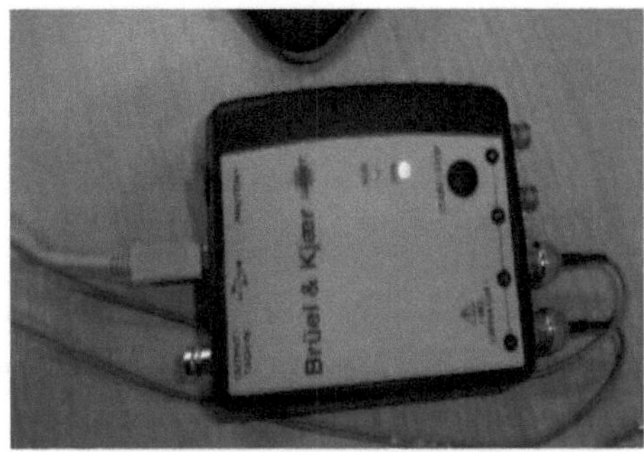

Fig.3.4 Analisador de impulsos

(4) Unidade de visualização: - Esta tem principalmente a forma de PC (portátil) quando a excitação ocorre na estrutura, os sinais são transferidos para o PULSE portátil e, após a conversão, são apresentados sob a forma de gráficos através do software. Os dados incluem principalmente gráficos de força Vs tempo, frequência Vs tempo, dados de frequência de ressonância, etc.

Fig.3.5. Unidade de visualização

3.4. CONFIGURAÇÃO EXPERIMENTAL DA VIGA CANTILEVER

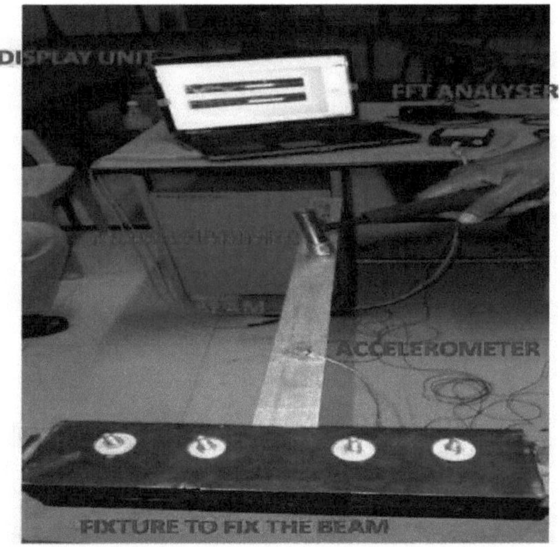

Fig.3.6 Diagrama esquemático da instalação experimental

A Fig. 3.6 mostra o diagrama esquemático da montagem experimental utilizada para o ensaio modal. Um sinal de excitação foi gerado por um analisador de sinais, depois amplificado por um amplificador de potência e exercido na estrutura testada através do excitador. A força aplicada foi medida por um transdutor fixado entre a corda flexível e a viga. A amplitude de vibração nos locais de medição foi detectada por um acelerómetro e monitorizada por um osciloscópio.

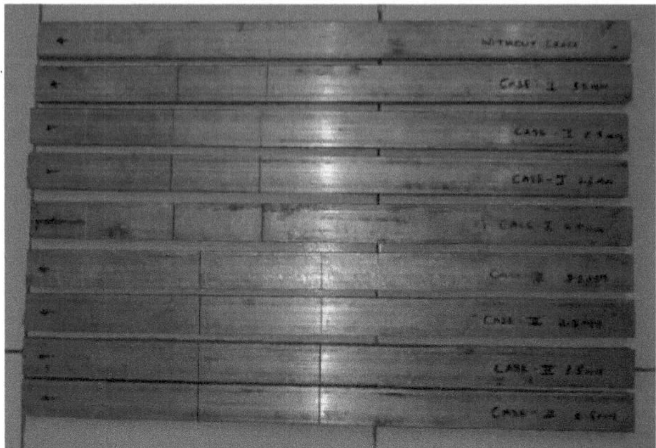

Fig.3.7 Modelo físico de viga com e sem fissura

3.5. PROGRAMA EXPERIMENTAL

O sistema Multi-analisador do equipamento é utilizado para medir as gamas de frequência de uma viga cantilever.

Configuração e procedimento (analisador FFT)

1. Selecionar uma viga fendilhada com a profundidade e distância de fenda necessárias.
2. A profundidade e a largura da secção da viga foram medidas com um calibre de parafuso.
3. O comprimento da viga em consola, desde a extremidade fixa até à extremidade livre, foi devidamente verificado.
4. Foram efectuadas as ligações do analisador FFT, do computador portátil, dos transdutores, do martelo de modelo e das ligações de alimentação necessárias.
5. O acelerómetro foi fixado com cera de abelha à viga cantilever fendida num dos pontos nodais. O martelo foi mantido pronto para golpear a viga nos pontos singulares.
6. Em seguida, em cada ponto, o martelo modal foi batido uma vez e o gráfico da amplitude Vs. frequência foi obtido a partir da interface gráfica do utilizador.
7. O analisador FFT e o acelerómetro são a interface para converter a resposta no domínio do tempo para o domínio da frequência. Assim, obtém-se o espetro de resposta em frequênciaHl (resposta, força).
8. Ao mover o cursor para os picos do gráfico FFT, os valores do cursor e as frequências de ressonância foram registados.
9. No momento do golpe com o martelo modal no ponto singular, foram tomadas precauções para que o golpe fosse perpendicular à superfície da viga de alumínio.
10. O procedimento acima é repetido para todos os pontos nodais. Repetir o procedimento 5 a 10 vezes para verificar a repetibilidade da experimentação, para diferentes profundidades e distâncias de fenda
11. Os valores (isto é, frequências naturais e frequências ressonantes) obtidos a partir dos espectros FRF foram comparados com os da análise FEM. Registar todo o conjunto de dados numa base de dados.

CAPÍTULO 4

MODELAÇÃO E ANÁLISE DE ELEMENTOS FINITOS

4.1 PASSOS PARA A ANÁLISE DE ELEMENTOS FINITOS DE UM MODELO DE VIGA CANTILEVER UTILIZANDO O ANSYS

Geração do modelo no software de conceção:

O software de conceção utilizado é o **CATIA V5 R 16.** O modelo da viga com fendas é gerado no software CAD CATIA com diferentes localizações e profundidades de fendas. As figuras apresentadas abaixo são exemplos de como os modelos são gerados no CATIA.

1. O modelo sem fissura e com fissura em CATIA será modelado.
2. O ficheiro obtido é guardado no formato .ds e é dado como ficheiro de entrada para o software ANSYS.
3. O ficheiro é aberto na janela do ANSYS para análise de elementos finitos.

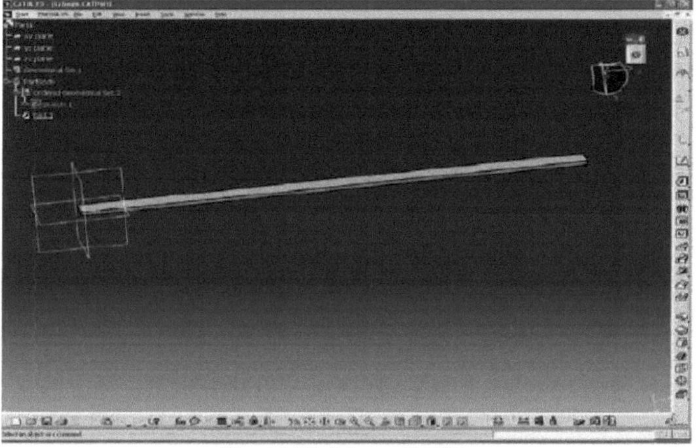

Fig. 4.1 Modelo em CATIA

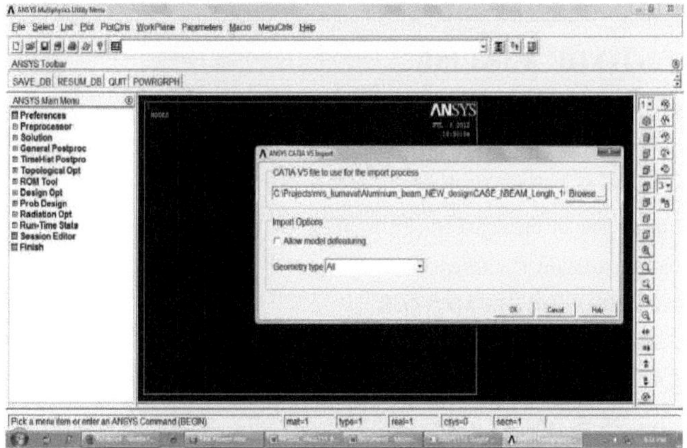

Fig. 4.2 Importação do modelo CATIA no ANSYS

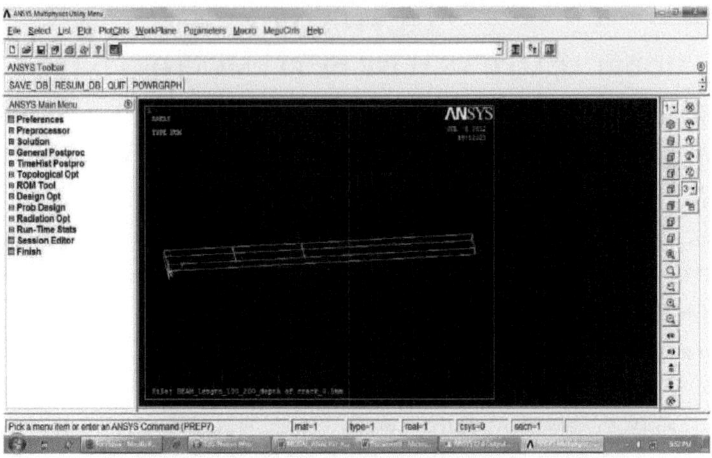

Fig. 4.3 Modelo importado no ANSYS a partir do CATIA

4. Em seguida, a análise é efectuada com o processo de análise modal adicional.

4.2 ANÁLISE DE ELEMENTOS FINITOS

O programa de elementos finitos ANSYS 12.0 foi utilizado para a vibração livre da viga fissurada e não fissurada. Para este efeito, modelou-se a fenda com uma largura de 0,5 mm na superfície superior da viga e a profundidade da fenda varia. Foi selecionado um elemento sólido estrutural tridimensional de 20 nós do SOLID 95 para modelar a viga. A viga foi discretizada em 402 elementos com 1007 nós. O método de análise modal foi utilizado para calcular as frequências naturais da viga através do ANSYS.

4.3 ANÁLISE MODAL DE UMA VIGA CANTILEVER

A análise das caraterísticas de vibração da viga com condição de fronteira é feita aqui com um material e diferentes rácios de fendas e distâncias. A condição de fronteira é Cantilever, ou seja, uma extremidade fixa e uma extremidade livre. O objetivo é determinar a frequência natural com a ajuda do software ANSYS.

PROCEDIMENTO DE ANÁLISE

PASSO 1: Especificar o nome de uma tarefa e definir o título da análise

1) Selecione o caminho de menu MENU UTILITY > FICHEIRO > ALTERAR TÍTULO.
2) Introduzir o texto "Análise modal de fresas circulares" e clicar em OK
3) Selecionar o caminho de menu MENU PRINCIPAL > PREFERÊNCIAS.
4) Clicar na opção estrutural. Clique em OK.

PASSO 2: DEFINIR TIPOS DE ELEMENTOS

Selecionar o caminho de menu MENU PRINCIPAL > PREPOCESSOR > TIPO DE ELEMENTO > ADICIONAR / EDITAR / ELIMINAR. Aparece a caixa de diálogo dos tipos de elementos.

1) Clicar em ADICIONAR. Aparece a caixa de diálogo da biblioteca de tipos de elementos.

A biblioteca de elementos do ANSYS contém mais de 100 tipos diferentes de elementos. Cada elemento tem um número único e um prefixo que identifica a categoria do elemento. VIGA 188, VIGA 4, NÓ 20 SÓLIDO 95, SÓLIDO 96, SÓLIDO 45, SÓLIDO 92, CASCA 63, PLANO 77. A maioria dos tipos de elementos ANSYS são elementos estruturais, variando de uma simples viga a cascas em camadas mais complexas. Os tipos de elementos são determinados a partir do seguinte procedimento.

> O conjunto de graus de liberdade (relacionados com a estrutura, a térmica, a magnética, a elástica, o quadrilátero, o tijolo, etc.)

> Elemento bidimensional ou tridimensional.

2) Na caixa de deslocamento à esquerda, clique uma vez em "estrutural".

3) Na caixa de deslocamento direita, clique uma vez em "20 node SOLID 95".

4) Clique em candidatar-se.

5) Clique em fechar na caixa de diálogo dos tipos de elementos.

PASSO 3: DEFINIR AS PROPRIEDADES DO MATERIAL:

As propriedades do material podem ser ortogonais ou isotrópicas. Neste caso, o material da placa é Alumínio Módulo de Elasticidade 7.3x101 IN/m^2 , Densidade 2713Kg/m^3 e o Rácio de Poisson é 0.334, sendo a análise modal linear e o subconjunto completo é feito do mesmo material. É escolhido como constante e o mesmo é introduzido através do caminho do menu.

1) Selecionar o caminho de menu MENU PRINCIPAL > PRÉPROCESSADOR > PROPRIEDADES DO MATERIAL > CONSTANTE- ISOTRÓPICA.

2) Clique em OK para especificar o material número 1. Aparece uma segunda caixa de diálogo. Introduza os valores do aço macio.

PASSO 4: CRIAR A GEOMETRIA DO MODELO

A etapa seguinte da análise consiste em criar o modelo geométrico e gerar uma malha de elementos finitos para a geometria em causa. Há dois métodos utilizados para criar um modelo de elementos finitos: um é a modelação sólida e o outro é a geração direta. A modelação sólida permite criar automaticamente uma malha de nós e elementos para a geometria.

Ficheiro-Importar-CATIA V5-clicar em procurar - selecionar o tipo de geometria como (ALL)

ETAPA 5: MALHA DO MODELO:

Criar a malha do modelo com nós e elementos. Antes de criar a malha do modelo, ou mesmo antes de o construir, é importante refletir sobre a utilização de uma malha livre ou de uma malha mapeada. A malha mapeada é aproximada para a análise. Uma malha livre não tem qualquer restrição em termos de formas de elementos e não tem qualquer padrão especificado aplicado a ela. Uma malha de área mapeada contém apenas elementos quadriláteros ou triangulares, enquanto uma malha de volume mapeada contém apenas elementos hexaédricos. Uma vez que o modelo da estrutura da placa completará o conjunto de atributos do elemento, o programa ANSYS será direcionado para gerar uma malha livre. A técnica utilizada para a criação da malha é a malha livre com a técnica de dimensionamento inteligente e a seleção de um nível de refinamento.

1) Clique em MESH TOOL.

2) Selecione SMART SIZE. Em seguida, clique em MESH.

3) Selecionar o modelo para a criação da malha e clicar em OK.

PASSO 6: APLICAÇÃO DE CARGAS

Inclui (restrições, apoios ou especificação do campo de fronteira), ou seja, condição de fronteira, bem como outras cargas aplicadas externa ou internamente. Restrições de grau de liberdade, forças (cargas pontuais), cargas de superfície, cargas de corpo e cargas variáveis, cargas de inércia e cargas de campo acopladas. A maioria destas cargas pode ser aplicada quer no modelo sólido quer no modelo de elementos finitos. A carga estrutural é considerada e o deslocamento estrutural zero é introduzido e as condições de fronteira especificadas foram aplicadas.

PASSO 7: ESPECIFICAR AS OPÇÕES DO PATAMAR DE CARGA

É a configuração de cargas para as quais se obteve uma solução numa análise estrutural. Por exemplo, podem aplicar-se cargas de vento num patamar de carga e cargas de gravidade num segundo patamar de carga. Os sub-passos são passos incrementais efectuados dentro de um passo de carga. São utilizados principalmente para fins de precisão e convergência em análises transientes e não lineares. Os sub-passos são também conhecidos como passos de tempo. Dependendo do tipo de análise que está a ser efectuada, a opção de passo de carga pode ou não ser necessária. Para a análise da placa, não foi necessário satisfazer o passo de carga, uma vez que envolveu apenas carga em estado estacionário, o passo de carga não foi introduzido, o programa ANSYS assume-o por defeito.

ETAPA 8: ESPECIFICAR O TIPO E A OPÇÃO DE ANÁLISE

1) Selecionar o caminho de menu MENU PRINCIPAL> SOLUÇÃO > ANÁLISE > TIPO > NOVA ANÁLISE
2) Clique na opção de análise do modelo e clique em OK
3) Selecionar o caminho de menu MENU PRINCIPAL > SOLUÇÃO > OPÇÃO DE ANÁLISE. É apresentada a caixa de diálogo da análise do modelo.
4) Clicar na opção "subespaço".
5) Introduzir 10 para o número de modos a extrair.

ETAPA 9: ESPECIFICAR O NÚMERO DE MODOS A EXPANDIR

1) Selecionar o caminho de menu MENU PRINCIPAL> SOLUÇÃO > CARREGAR ETAPA >OPÇÃO >EXPANSIONPASS > MODOS DE EXPANSÃO. Aparece então a caixa de diálogo dos modos de expansão.
2) Introduza 10 números de modos a expandir e clique em OK.

PASSO 10: INICIALIZAÇÃO DA SOLUÇÃO

1) Selecionar o caminho MENU PRINCIPAL > SOLUÇÃO > SOLVER >SL ACTUAL
2) Quando este comando é emitido para o programa ANSYS, que recebe os resultados do modelo e do carregamento fornecidos para a estrutura da placa a partir da base de dados e calcula os resultados.

ETAPA 11: ANÁLISE DOS RESULTADOS

Os resultados são revistos no pós-processador geral e no histórico de tempo no pós-processador. O pós-processador geral é utilizado para rever os resultados durante um determinado intervalo de tempo para todo o corpo ou parte dele. Podem obter-se diferentes resultados, como deformações, tensões, listagens tabulares de deslocamentos e animações de vibrações, utilizando o pós-processador geral. O pós-processador de histórico temporal é utilizado para obter os resultados de um nó específico ao longo de todos os passos temporais.

Utilizando o pós-processador de histórico temporal, podem obter-se gráficos de dados em função do tempo. As operações aritméticas também podem ser efectuadas nos gráficos. Os resultados do MEF são apresentados de seguida

Resumo geral dos resultados do pós-processador (obterá a frequência para cada forma própria)

Pós-processador geral-Visualizador de resultados-Escolhe DOF Solution como (Displacement Vetor Sum)-seleciona o gráfico de contorno-clica no botão de geração de relatório

CAPÍTULO 5
RESULTADOS E DISCUSSÃO

5.1 ESPECIFICAÇÕES E CONDIÇÕES DE FRONTEIRA

O problema envolve o cálculo de frequências naturais e formas próprias para uma viga cantilever sem fissura e com fissura de diferentes profundidades. Os resultados do software ANSYS são validados com os resultados obtidos pela análise experimental de vibrações FFT.

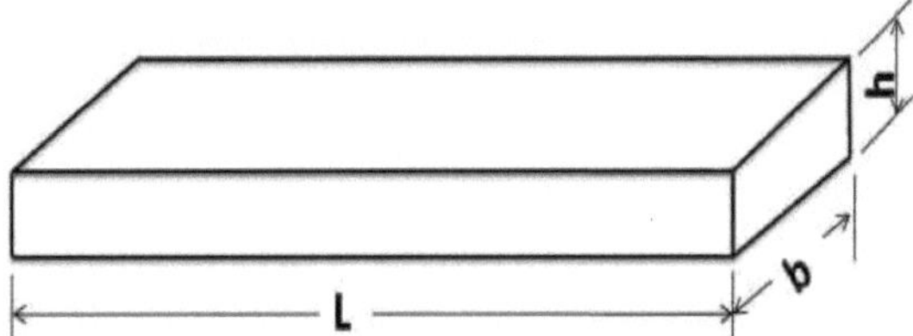

Fig.5.1 Geometria da viga em consola sem fissura.

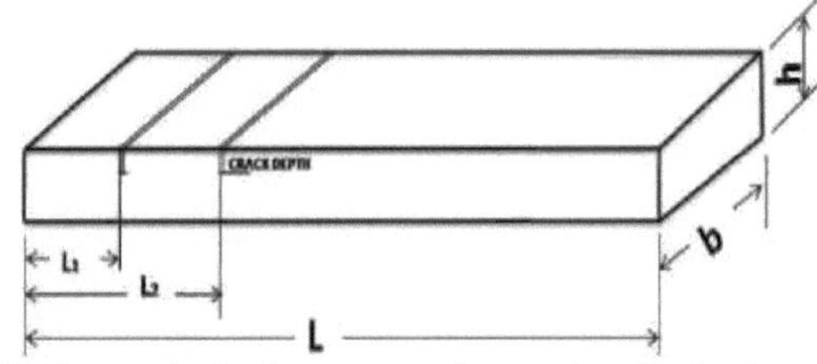

Fig.5.2 Geometria da viga em consola com duas fendas transversais

Tabela 1:- Especificações da viga cantilever

Sr. NO.	Parameters	Value
1	Width of the beam (b)	0.03m
2	Depth of the beam (h)	0.01m
3	Length of the beam (L)	0.45m
4	Crack width	0.0005m
5	MATERIAL:- Aluminum	
6	Elastic modulus of the beam (E)	$7.3x10^{11}N/m^2$
7	Poisson's Ratio	0.334
8	Density	2713 kg/m^3

Estado da extremidade da viga = Uma extremidade fixa e outra livre (viga em consola)

Table 2:- Conditions and No. of Cantilever Beam		
Sr.No.	**Conditions without crack and with crack**	
1.	**CASE-I**	No crack

2.	**CASE-II**	With Crack Distance from fixed End L_1 = 75 mm, L_2 = 150 mm
	1.	Depth of crack 0.5mm
	2.	Depth of crack 1.5mm
	3.	Depth of crack 2.5mm
	4.	Depth of crack 3.5mm
3.	**CASE-III**	With Crack Distance from fixed End L_1 = 100 mm, L_2 = 200 mm
	1.	Depth of crack 0.5mm
	2.	Depth of crack 1.5mm
	3.	Depth of crack 2.5mm
	4.	Depth of crack 3.5mm

Resultados da FFT a obter após a preparação do modelo físico.

5.2 RESULTADOS EXPERIMENTAIS

Tabela 3. Resultados experimentais obtidos pelo analisador FFT da viga cantilever de alumínio para os casos especificados.

VIBRATION ANALYSIS OF CANTILEVER BEAM - LENGTH-450mm								
Sr.No.	**Case**	**Condition**	**Crack Depth (mm)**	**FFT Results Natural Frequency in Hz**				
				1	**2**	**3**	**4**	**5**
1	**Case -I**	**Without Crack**	——	36.758	115.754	250.583	704.678	739.132

1.			0.5	39.027	118.921	254.831	707.657	739.765
2.	Case - II	L1 = 75mm L2 =150mm	1.5	38.368	112.009	247.576	700.231	738.783
3.			2.5	41.627	122.942	246.562	697.124	735.983
4.			3.5	38.587	116.396	248.459	687.232	736.112
5.			0.5	127.033	385.064	806.656	2275.754	2383.076
6.	Case - II	L1 = 100mm L2 = 200mm	1.5	37.695	115.754	246.901	704.348	740.934
7.			2.5	38.633	112.072	241.278	702.783	733.812
8.			3.5	36.758	112.072	241.268	695.036	732.992

5.3 RESULTADOS DO FEA

São calculadas a primeira, a segunda e a terceira frequências naturais correspondentes a várias localizações e profundidades de fendas. As formas modais fundamentais para a vibração transversal de vigas fissuradas e não fissuradas devem ser traçadas e comparadas. Os resultados obtidos a partir da análise numérica (FEA) devem ser apresentados sob a forma de gráficos.

Os resultados mostrarão que existe uma variação apreciável entre a frequência natural de uma viga cantilever fendilhada e não fendilhada. As formas dos modos de vibração transversal para vigas de alumínio com duas fissuras são apresentadas na figura. Nestas figuras são consideradas diferentes combinações de profundidades de fissura (0,5 mm, 1,5 mm, 2,5 mm e 3,5 mm).

As localizações relativas das fissuras são escolhidas em 75mm e 150mm e 100mm e 200mm. Para fissuras moderadas, notam-se alterações apreciáveis nas formas próprias e, para fissuras profundas, as alterações nas formas próprias são bastante substanciais.

Os resultados numéricos indicam que o desvio entre as formas próprias fundamentais da viga fendilhada e da viga não fendilhada é sempre acentuadamente alterado na localização da fenda. Os resultados da simulação obtidos pelo software ANSYS são apresentados nas Figs.

Resultado da frequência (de ANSYS) de vibração na viga cantilever para sem fissura

Sem fenda

***** ÍNDICE DE CONJUNTOS DE DADOS NO FICHEIRO DE RESULTADOS *****

DEFINIR TEMPO/FREQUÊNCIA PASSO DE CARGA SUBPASSO CUMULATIVO

1	40.350	1	1	1
2	120.29	1	2	2
3	252.39	1	3	3
4	704.92	1	4	4
5	738.67	1	5	5

Case 1 0.5

***** ÍNDICE DE CONJUNTOS DE DADOS NO FICHEIRO DE RESULTADOS *****

DEFINIR TEMPO/FREQUÊNCIA PASSO DE CARGA SUBPASSO CUMULATIVO

1	130.09	1	1	1
2	388.22	1	2	2
3	813.97	1	3	3
4	2273.6	1	4	4
5	2384.3	1	5	5

Tabela 4. Resultados ANSYS para o Caso -II Fenda em L_1 = 75mm e L_2 = 150mm da extremidade fixa

Crack Depth (mm)	**Results of Natural Frequency in Hz (modes)**				
	1	**2**	**3**	**4**	**5**
0.5	40.300	120.24	252.27	704.36	738.56
1.5	40.016	119.91	251.91	702.18	738.21
2.5	39.406	119.13	250.91	696.99	736.94
3.5	38.468	117.92	249.27	688.95	734.87

Tabela 5. Resultados ANSYS para o Caso -III Fissura em L_1 = 100mm e L_2 = 200mm da extremidade fixa

Crack Depth (mm)	**Results of Natural Frequency in Hz (modes)**				
	1	**2**	**3**	**4**	**5**
0.5	130.09	388.22	813.97	2273.6	2384.3
1.5	40.09	119.99	251.65	705.04	738.91
2.5	39.70	119.50	249.95	700.28	735.71
3.5	38.968	118.57	246.72	694.08	731.80

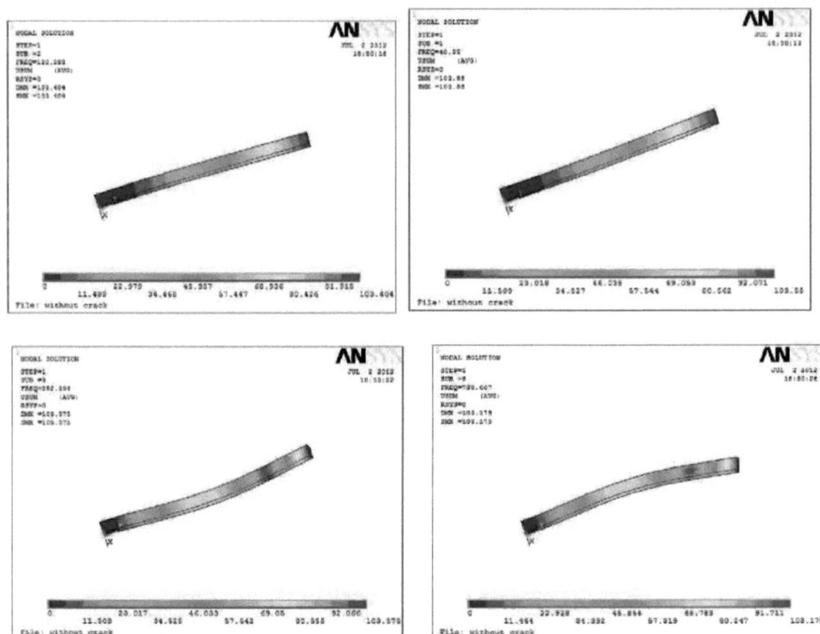

Fig.5.3. Formas próprias obtidas pelo ANSYS para a viga cantilever sem fissura

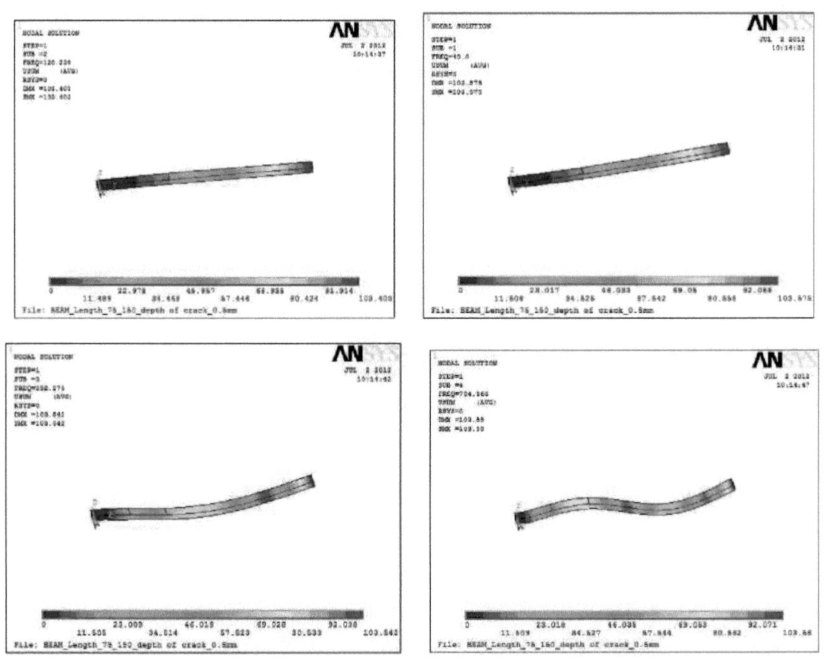

Fig.5.4. Formas de modo por ANSYS para L_1 = 75 mm, L_2 = 150 mm, Profundidade da fenda 0,5 mm

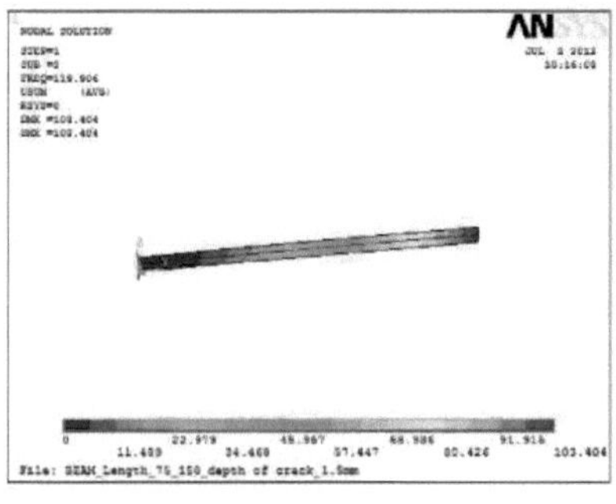

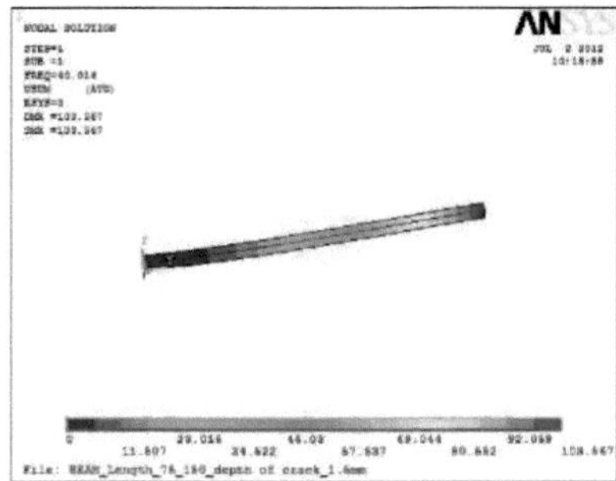

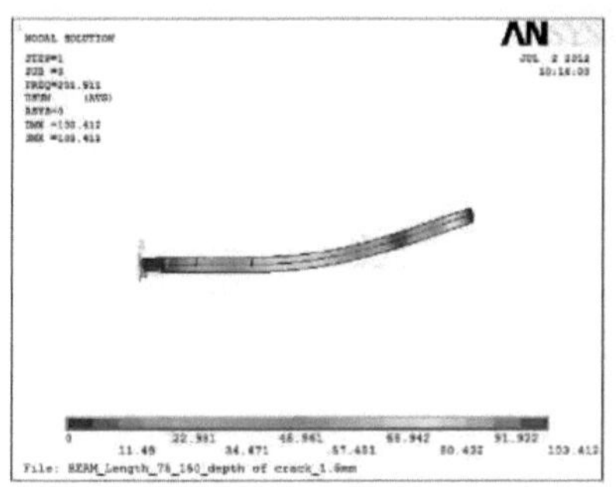

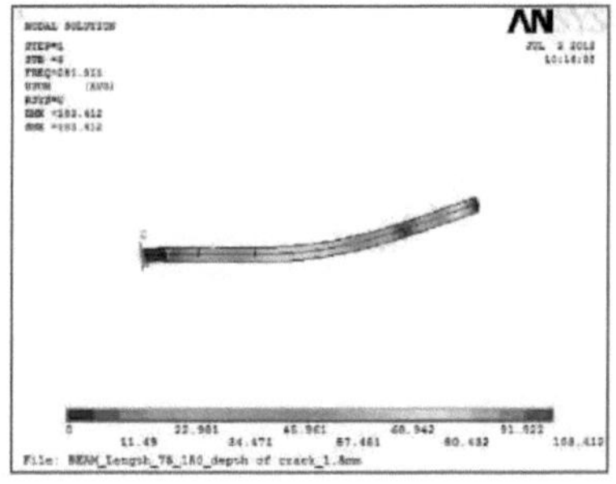

Fig.5.5. Formas de modo por ANSYS para L_1 = 75 mm, L_2 = 150 mm, Profundidade da fenda 1,5 mm

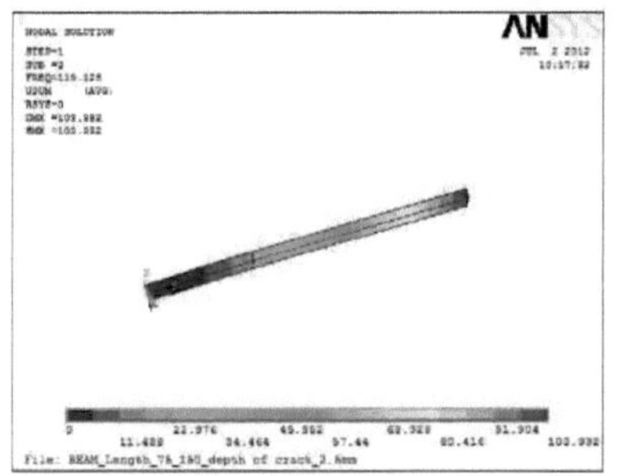

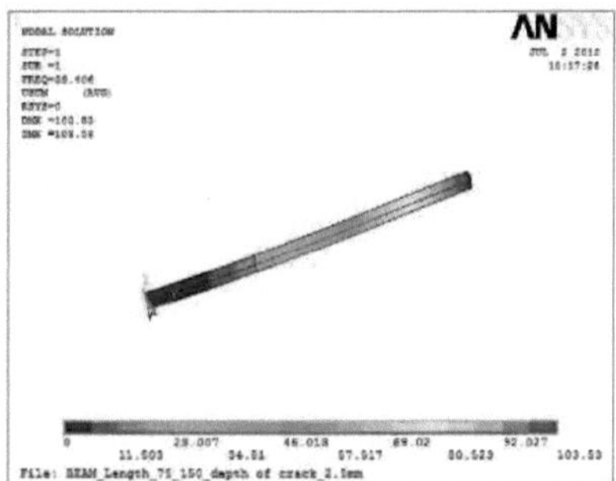

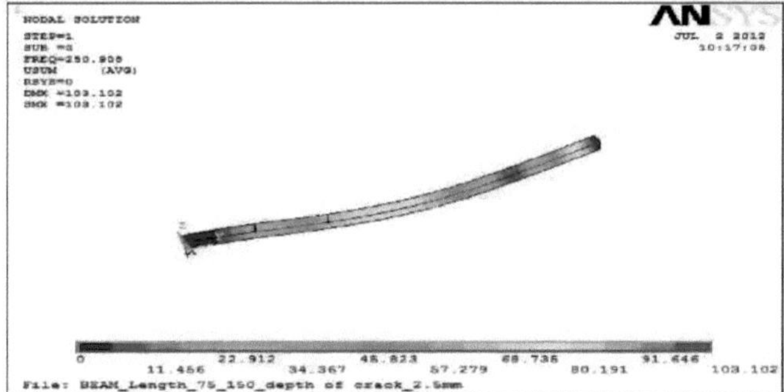

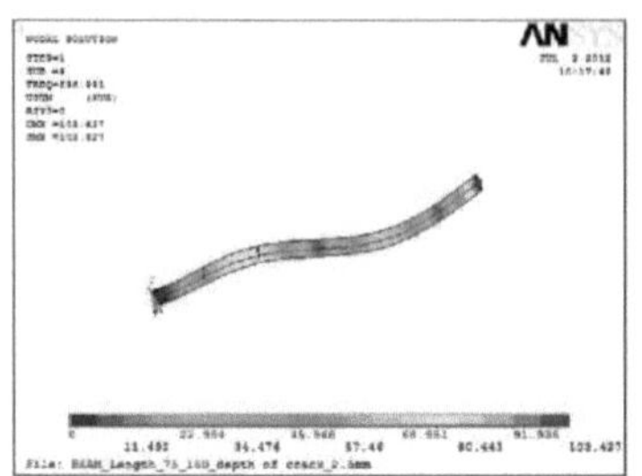
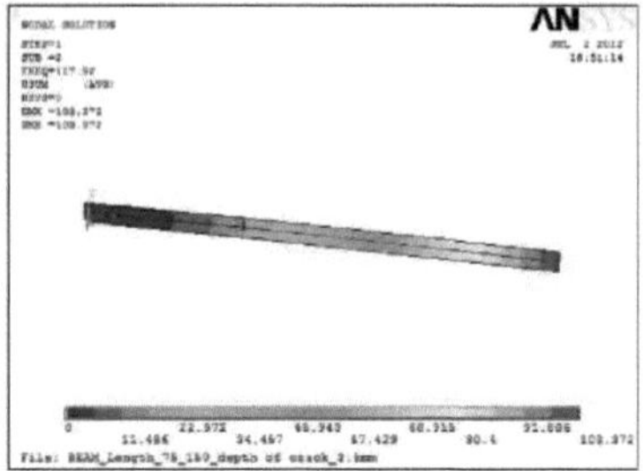

Fig.5.6. Formas de modo por ANSYS para L_1 = 75 mm, L_2 = 150 mm, Profundidade da fenda 2.5mm

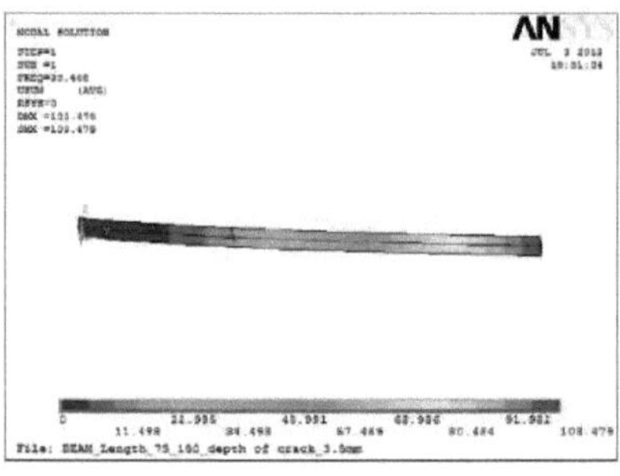
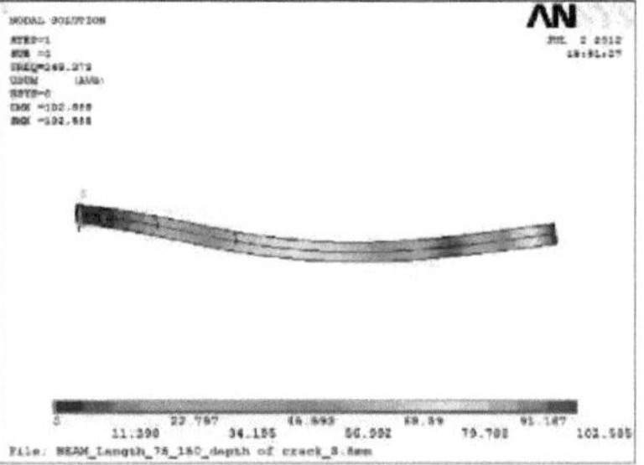

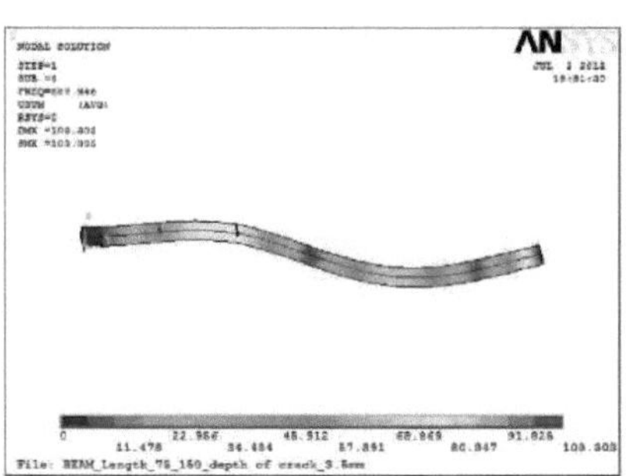
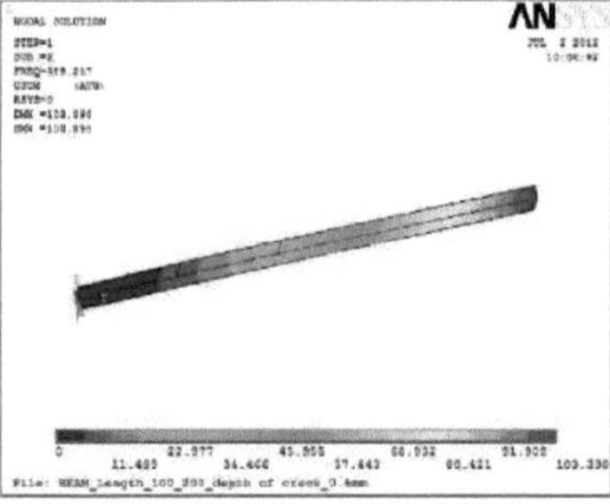

Fig.5.7. Formas de modo por ANSYS para L_1 = 75 mm, L_2 = 150 mm, Profundidade da fenda 3.5mm

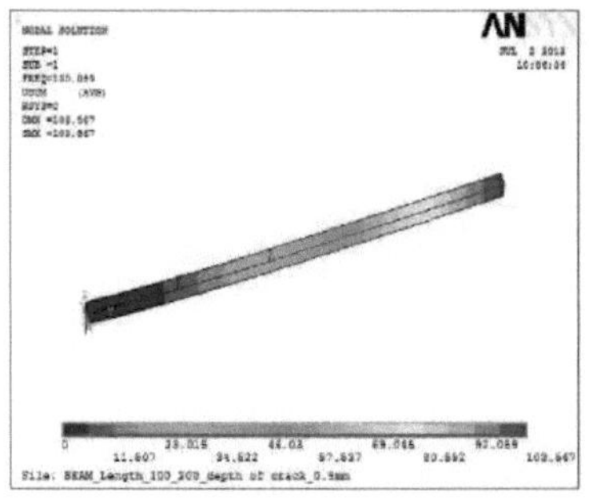
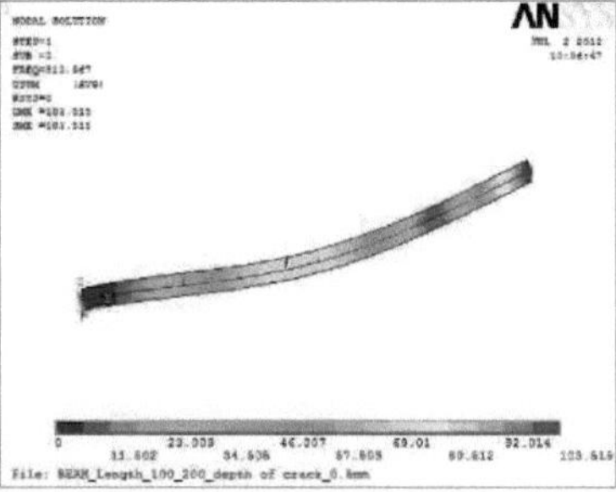

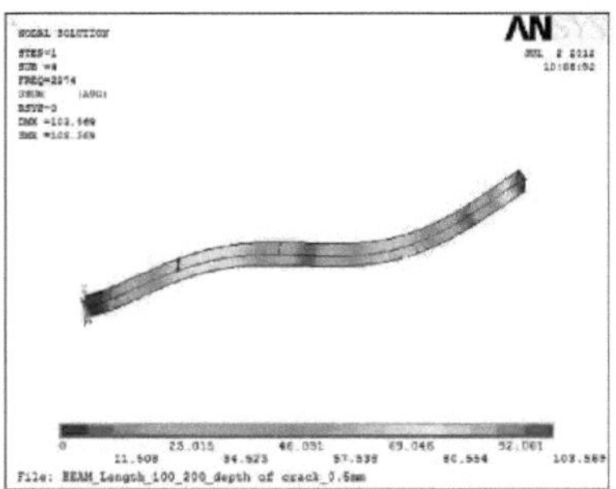

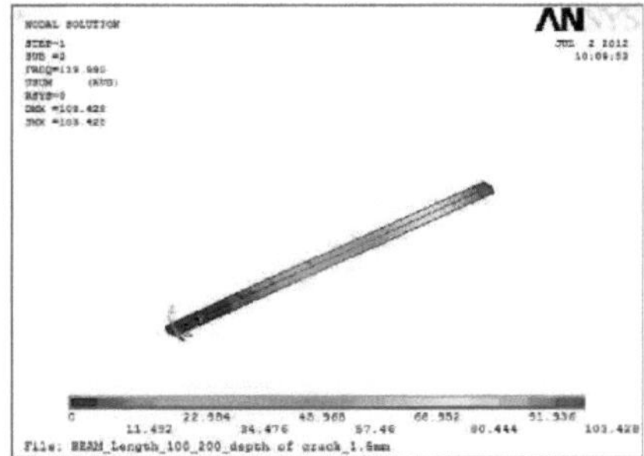

Fig.5.8. Formas de modo por ANSYS para L_1 = 100 mm, L_2 = 200 mm Profundidade da fenda 0,5 mm

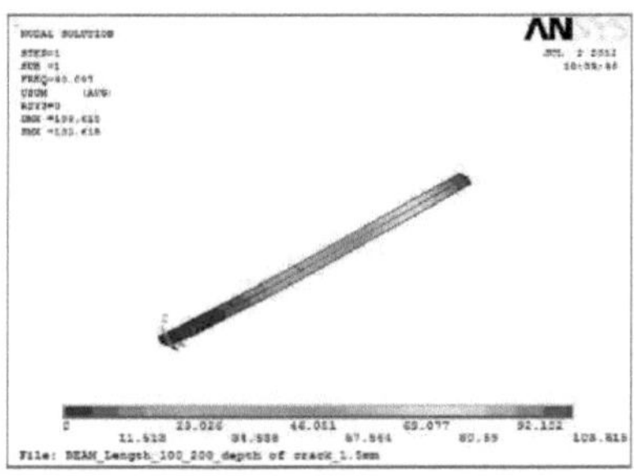

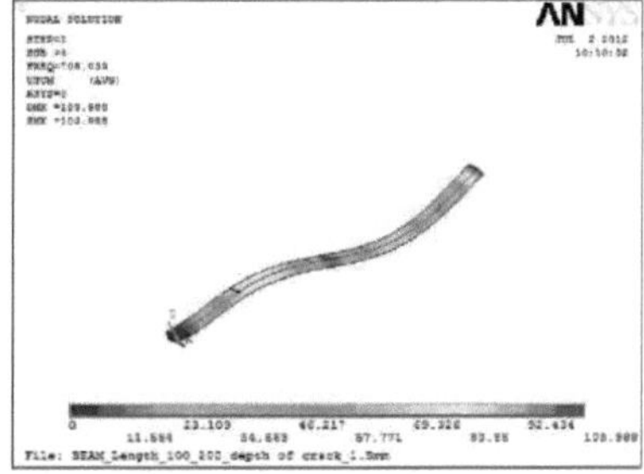

Fig.5.9. Formas de modo por ANSYS para L_1 = 100mm, L_2 = 200mm, Profundidade da fenda 1.5mm

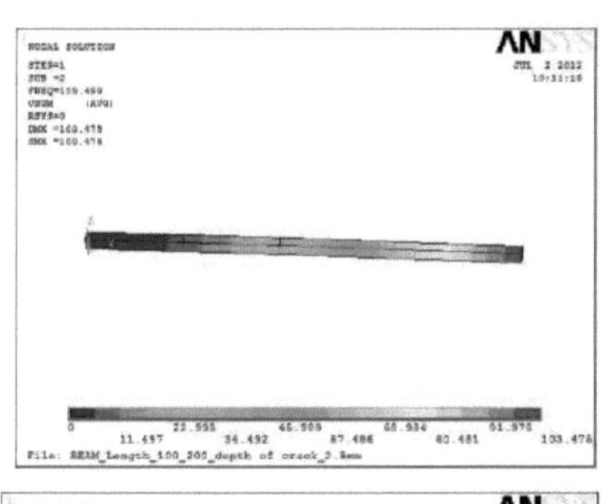

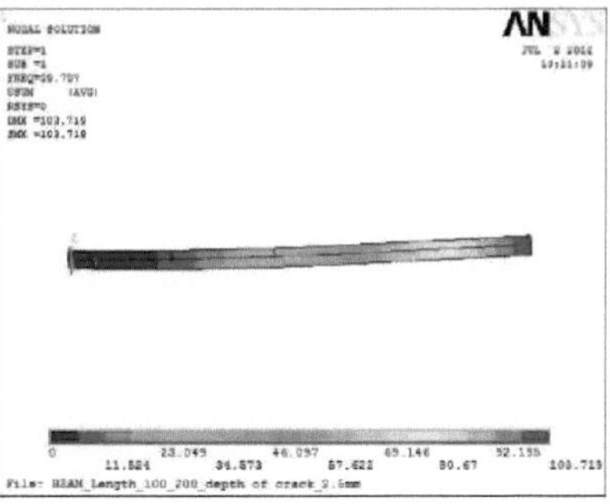

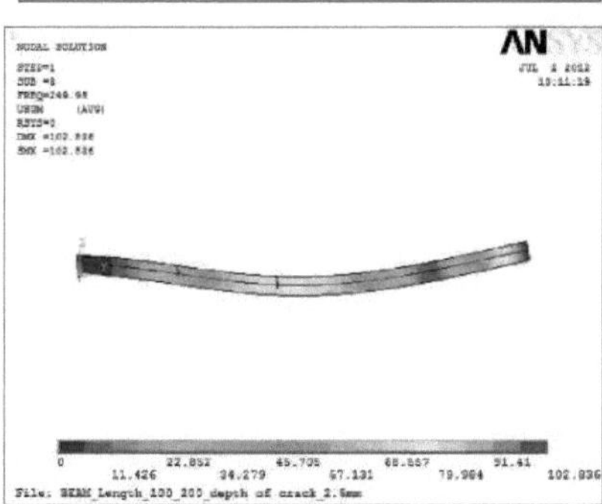

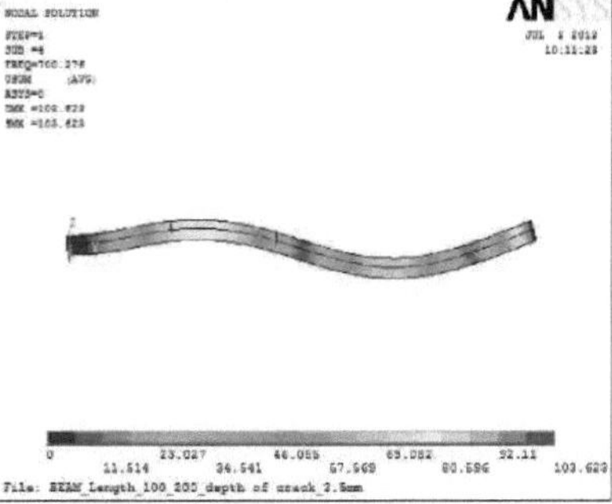

Fig.5.10. Formas de modo por ANSYS para L_1 = 100mm, L_2 = 200mm, Profundidade da fenda 2.5mm

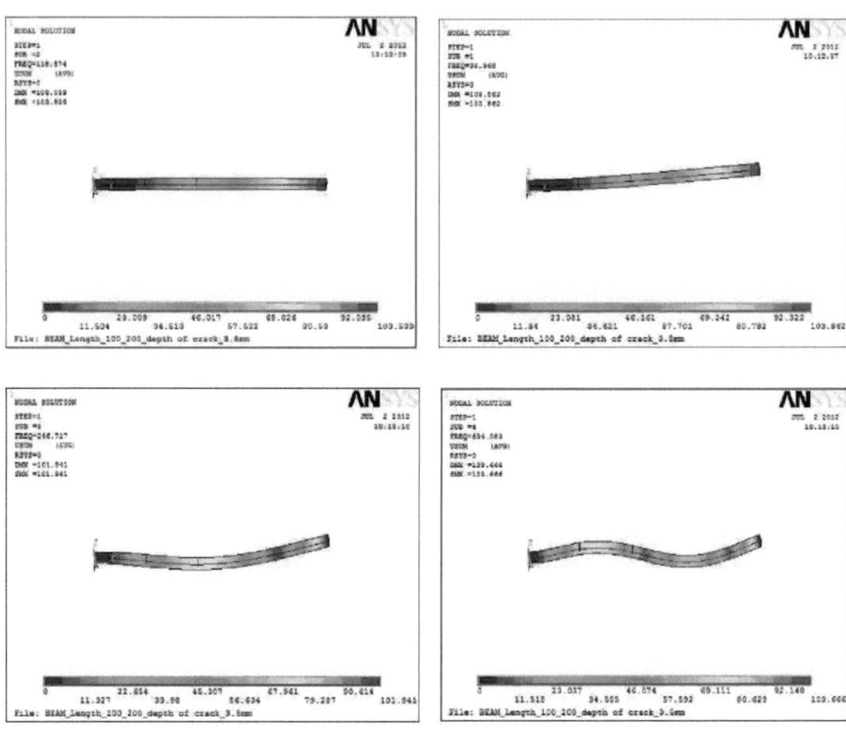

Fig.5.11. Formas de modo por ANSYS para L_1 = 100mm, L_2 = 200mm, Profundidade da fenda 3.5mm

5.4 COMPARAÇÃO DOS RESULTADOS EXPERIMENTAIS E DO FEA

Tabela 6: Comparação entre FEA e Experimental para viga cantilever sem fissura.

Mode	Results of Natural Frequency in Hz		
	By ANSYS	By practical	%Change
First	40.350	36.758	8.90
Second	120.29	115.754	3.77
Third	252.39	250.583	0.71
Fourth	704.92	704.678	0.03
Fifth	738.67	739.132	-0.06

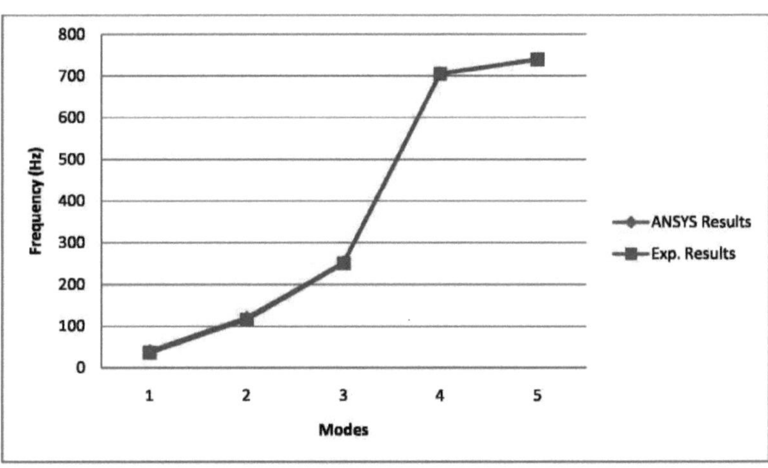

Fig.5.12. Gráfico de comparação dos resultados da frequência natural do MEF e Experimental para a viga cantilever sem fendas

Tabela.7. Comparação dos resultados experimentais e ANSYS para L_1 =75mm e L_2 = 150mm da extremidade fixa com diferentes profundidades de fissura.

Crack Depth	FFT/ANSYS Results	Results of Natural Frequency in Hz (modes)				
		1	2	3	4	5
0.5	ANSYS	40.300	120.24	252.27	704.36	738.56
	FFT	39.027	118.921	254.831	707.657	739.765
1.5	ANSYS	40.016	119.91	251.91	702.18	738.21
	FFT	38.368	112.009	247.576	700.231	738.783
2.5	ANSYS	39.406	119.13	250.91	696.99	736.94
	FFT	41.627	122.942	246.562	697.124	735.983
3.5	ANSYS	38.468	117.92	249.27	688.95	734.87
	FFT	38.587	116.396	248.459	687.232	736.112

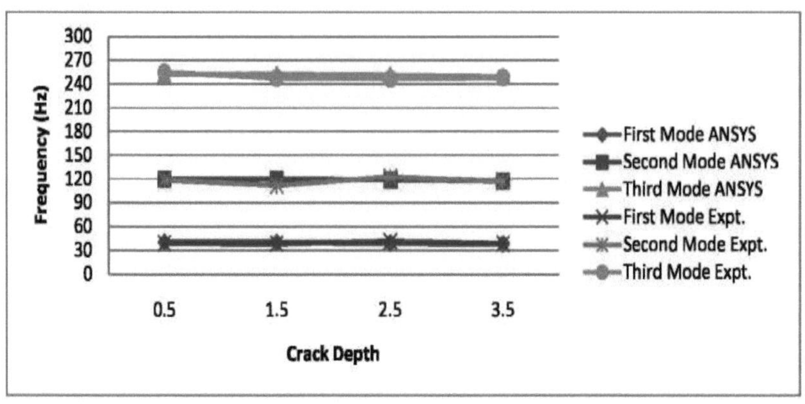

Fig.5.13. Gráfico de comparação dos resultados da frequência natural do caso-II com fenda em L_1 = 75mm L_2 = 150mm da extremidade fixa e diferentes profundidades de fenda

Tabela.8. Comparação dos resultados experimentais e ANSYS para L_1 = 100mm e L_2 = 200mm a partir da extremidade fixa com diferentes profundidades de fissura.

Crack Depth	FFT/ANSYS Results	Results of Natural Frequency in Hz (modes)				
		1	2	3	4	5
0.5	ANSYS	130.09	388.22	813.97	2273.6	2384.3
	FFT	127.033	385.064	806.656	2275.754	2383.076
1.5	ANSYS	40.09	119.99	251.65	705.04	738.91
	FFT	37.695	115.754	246.901	704.348	740.934
2.5	ANSYS	39.70	119.50	249.95	700.28	735.71
	FFT	38.633	112.072	241.278	702.783	733.812
3.5	ANSYS	38.968	118.57	246.72	694.08	731.80
	FFT	36.758	112.072	241.268	695.036	732.992

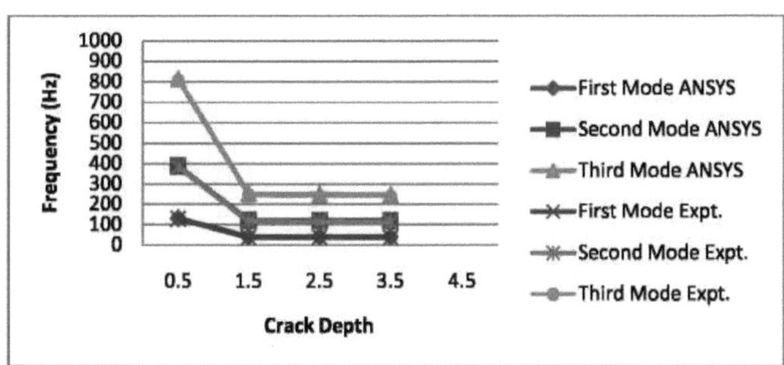

Fig.5.14. Gráfico de comparação dos resultados da frequência natural do caso III com fenda em L_1 = 100mm, L_2 = 200mm a partir da extremidade fixa e diferentes profundidades de fenda

Tabela.9. Comparação dos resultados experimentais e ANSYS do Caso-II, L_1 = 75mm, L_2 = 150mm para a variação da frequência natural em %.

Results of Natural Frequency in Hz													
Crack Depth ⇨	**0.5**			**1.5**			**2.5**			**3.5**			**% Avg.**
MODE⇩ NO.	FEM	EXPT.	% change	FEM	EXPT.	% change	FEM	EXPT.	% change	FEM	EXPT.	% change	
1	40.300	39.027	**3.16**	40.016	38.368	**4.12**	39.406	41.627	**-5.64**	38.468	38.587	**-0.31**	**0.332**
2	120.24	118.921	**1.10**	119.91	112.009	**6.59**	119.13	122.942	**-3.20**	117.92	116.396	**1.29**	**1.445**
3	252.27	254.831	**-1.02**	251.91	247.576	**1.72**	250.91	246.562	**1.73**	249.27	248.459	**0.33**	**0.69**
4	704.36	707.657	**-0.47**	702.18	700.231	**0.28**	696.99	697.124	**-0.02**	688.95	687.232	**0.25**	**0.01**
5	738.56	739.765	**-0.16**	738.21	738.783	**-0.08**	736.94	735.983	**0.13**	734.87	736.112	**-0.17**	**-0.07**

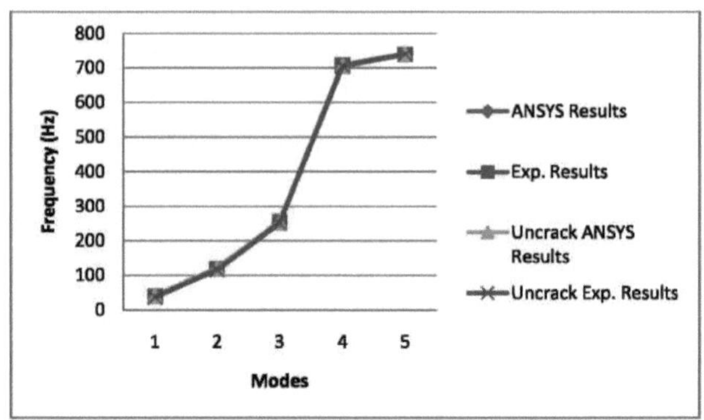

Fig.5.15. Gráfico de comparação dos resultados da frequência natural para a viga sem fissura e com fissura em L_1 =75mm, L_2 =150mm com fissura de profundidade 0,5 mm

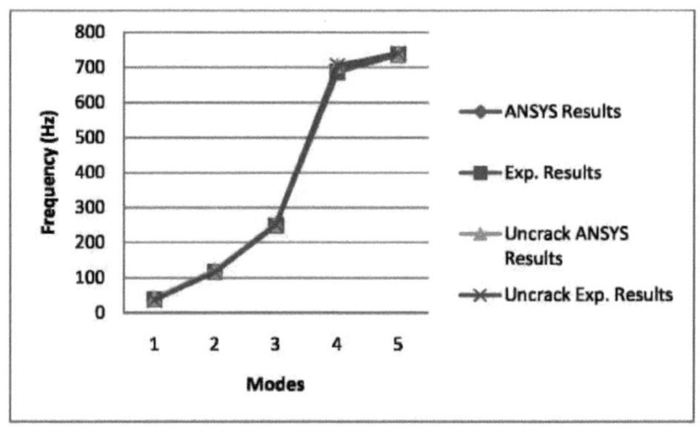

Fig.5.16. Gráfico de comparação dos resultados da frequência natural da viga sem fissura e com fissura em L_1 =75mm, L_2 = 150mm com fissura de profundidade 3,5 mm

Tabela.10. Comparação dos resultados experimentais e do ANSYS do Caso-I, L_1 = 100mm, L_2 = 200mm para a variação percentual da frequência natural.

Results of Natural Frequency in Hz													
Crack Depth ⇨	**0.5**			**1.5**			**2.5**			**3.5**			
MODE NO. ⇩	**FEM**	**EXPT.**	**% change**	**FEM**	**EXPT.**	**% change**	**FEM**	**EXPT.**	**% change**	**FEM**	**EXPT.**	**% change**	**% avg..**
1	130.09	127.033	**2.34**	40.09	37.695	**5.977**	39.70	38.633	**2.69**	38.968	36.758	**5.67**	**4.167**

2	388.22	385.064	**0.81**	119.99	115.754	**3.53**	119.50	112.072	**6.22**	118.57	112.072	**5.48**	**4.01**
3	813.97	806.654	**0.89**	251.65	246.901	**1.89**	249.95	241.278	**3.47**	246.72	241.268	**2.21**	**2.11**
4	2273.6	2275.754	**-0.09**	705.04	704.348	**0.10**	700.28	702.783	**-0.36**	694.08	695.036	**-0.14**	**-0.122**
5	2384.3	2383.076	**0.05**	738.91	740.934	**-0.27**	735.71	733.812	**0.26**	731.80	732.992	**-0.16**	**-0.03**

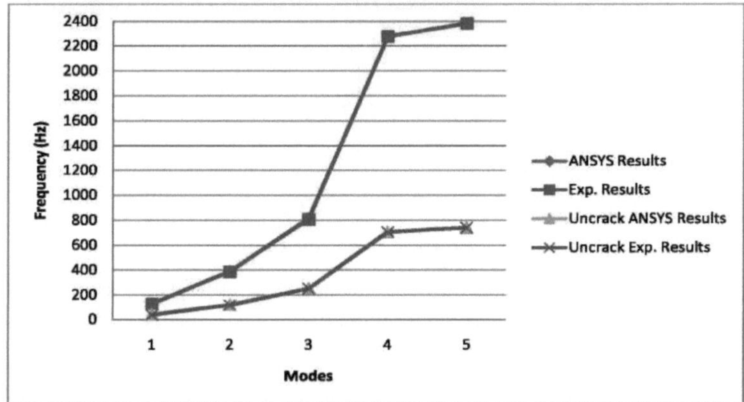

Fig.5.17. Gráfico de comparação dos resultados da frequência natural da viga sem fissura e com fissura em L_1 =100mm, L_2 =200mm com fissura de profundidade 0,5 mm

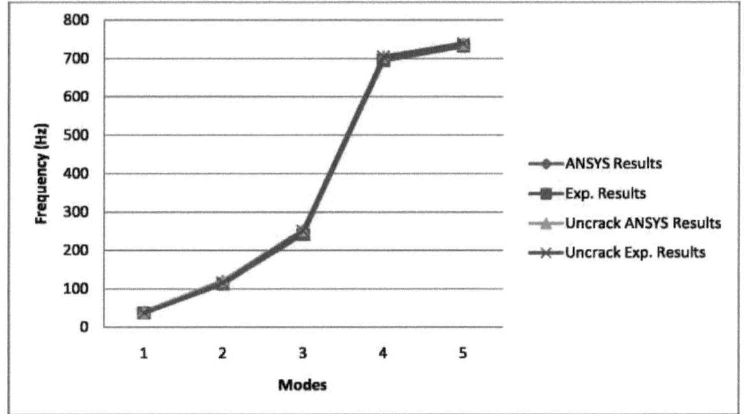

Fig. 5.18. Gráfico de comparação dos resultados da frequência natural da viga sem fissura e com fissura em L_1 =100mm, L_2 =200mm com fissura de profundidade 3,5 mm

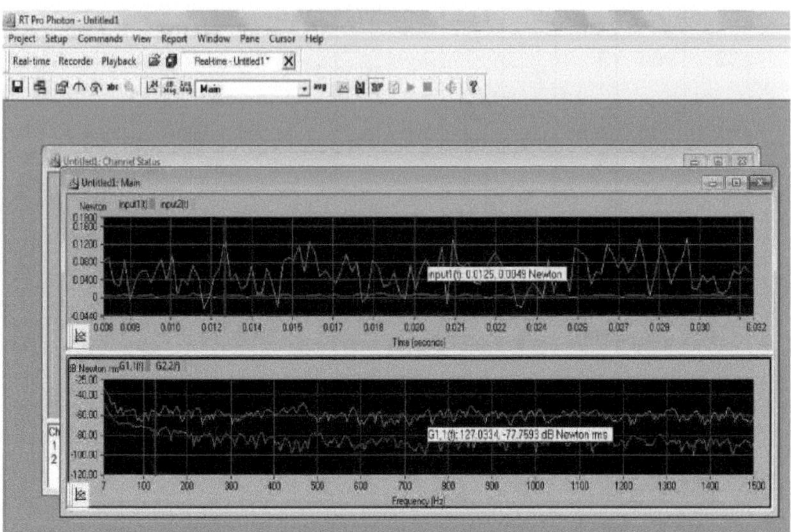

Fig.5.19 Gráfico da transformada rápida de Fourier para a vibração livre da viga cantilever

5.5 DISCUSSÃO E CONSIDERAÇÕES FINAIS

A frequência natural obtida experimentalmente, comparada com a do MEF, foi muito semelhante (variação mínima de -0,03% e máxima de 8,90%). A variação entre os resultados teóricos e os resultados experimentais deve-se a diferentes profundidades e distâncias das fissuras. As formas modais fundamentais para a vibração transversal de vigas fissuradas e não fissuradas são traçadas. Os resultados obtidos a partir da análise experimental e da análise FEA são apresentados sob a forma de gráficos. São obtidas as frequências naturais da primeira à quinta correspondentes a várias localizações e profundidades de fendas. A frequência mais baixa foi registada no modo 1. A frequência foi aumentando com cada modo de vibração subsequente. A percentagem de erro também diminuiu com o aumento da frequência. Os resultados mostram que existe uma variação apreciável entre a frequência natural de uma viga cantilever fendilhada e não fendilhada.

1) **Comparação dos resultados da frequência natural da viga cantilever sem e com fissura**

   Os resultados da análise FEA mostram que, à medida que a profundidade da fenda aumenta, a frequência natural diminui em comparação com a viga sem fenda em ambos os casos II e III.

2) **Comparação dos resultados da frequência natural da viga cantilever quando a localização é constante e a profundidade da fenda aumenta.**

   - Os resultados da análise mostram que, à medida que a profundidade da fenda aumenta, a frequência natural diminui.
   - A partir dos resultados do Caso -I, verifica-se na tabela de resultados da FEA uma diminuição da frequência natural do modo 1 de 40 Hz para 38 Hz.
   - Para o Caso -II, a tabela de resultados da FEA mostra uma diminuição de 130 Hz para 39 Hz na frequência natural do modo 1.

3) Resultados da frequência natural da viga cantilever quando a localização da fenda aumenta.

- Quando a localização da fenda aumenta, a frequência natural também aumenta. Depois, diminui à medida que a profundidade da fenda aumenta.

Além disso, o peso do acelerómetro montado na placa como sensor para o analisador FFT pode ter afetado a frequência natural obtida pelo procedimento experimental.

CAPÍTULO 6
CONCLUSÃO E ÂMBITO FUTURO

6.1 CONCLUSÃO

A análise de vibrações de uma estrutura tem grande importância na sua conceção e desempenho ao longo de um período de tempo. Numa viga em consola de alumínio com uma extremidade fixa e outra livre, verificou-se que os resultados estavam em boa concordância com os valores obtidos na FEA através do ANSYS e na experiência através da FFT. Verifica-se que a frequência natural se altera substancialmente devido à presença de fissuras. As alterações dependem da localização e da profundidade das fissuras.

Na configuração FEA e Experimental, a profundidade e a localização da fenda são tomadas como entrada e as frequências naturais estruturais são tomadas como saída. A partir dos dois métodos, observa-se que a primeira frequência natural aumenta à medida que a localização da fenda se desloca da extremidade fixa para a extremidade livre quando a profundidade da fenda é mantida constante. Por outro lado, as frequências naturais do segundo ao quinto diminuem à medida que a profundidade da fenda aumenta. Também se observa que,

1. As frequências de vibração das vigas fendilhadas diminuem com o aumento da profundidade da fenda em qualquer localização particular devido à redução da rigidez.
2. O efeito da fissura é mais pronunciado perto da extremidade fixa do que na extremidade livre mais afastada.
3. A frequência natural diminui com o aumento da profundidade relativa da fenda.
4. A posição das fissuras pode ser prevista a partir do desvio dos modos fundamentais entre a viga fissurada e a viga não fissurada, esperando-se que os resultados obtidos sejam úteis a outros investigadores para comparação. O estudo deste trabalho é também necessário para uma compreensão correta e completa das técnicas de análise de vibrações.

6.2 TRABALHO FUTURO

- O cantilever fissurado pode ser analisado sob a influência de forças externas.
- A resposta dinâmica das vigas fissuradas pode ser analisada para diferentes orientações das fissuras e o estudo da estabilidade das vigas fissuradas pode ser efectuado.
- Diferentes estruturas de vigas com diferentes composições de materiais podem ser analisadas com diferentes condições de fronteira para a sua frequência natural.

CAPÍTULO 7
REFERÊNCIAS

[1] . Chondros T. G., A.D. Dimarogonas & J. Yao "A continuous cracked beam vibration theory" Journal of Sound and Vibration 215, 17-34, (1998).

[2] , Chen Q., S.C. Fan & D.Y. Zheng "Natural frequency of stepped beam having multiple open cracks by transfer matrix method" Inter. Conferência sobre métodos computacionais, 15-17, (2004).

[3] , Chasalevris Athanasios C. e Papadopoulos Chris A., Identification of multiple cracks in beams under bending, Mechanical Systems and Signal Processing 20, (2006), pp.1631- 1673.

[4] , Dharmaraju N., Tiwari R. e Talukdar S., Identification of an open crack model in a beam based on force-response measurements, Computers and Structures 82, (2004), pp. 167-179.

[5] . D.Y. ZHENG, Free Vibration Analysis Of A Cracked Beam By finite Element Method, Journal of Sound and Vibration 273 (2004) 457-475.

[6] Femandez-saez J., Rubio L. e Navarro C., Cálculo aproximado da frequência fundamental para vibrações de flexão de vigas fissuradas. Journal of Sound and Vibration 225 (2), (2002), pp. 345-352.

[7] . Hwang H.Y. Kim C., Damage detection in structures using a few frequency response, Journal of Sound and Vibration 270, (2004), pp. 1-14.

[8] , Kisa M. e Brandon J., The Effects of closure of cracks on the dynamics of a crackedcantilever beam, Journal of Sound and Vibration, 238(1), (2000) pp.1-18.

[9] . K. El Bikri , R. Benamar, M.M. Bennouna Geometrically non-linear free vibrations of clamped-clamped beams with an edge crack, Science Diret(Elsevier Ltd), Computers and Structures 84 (2006) 485-502.

[10]. Kisa Murat & M. Arif Gurel "Model analysis of multi-cracked beams with circular cross section" Eng. Fracture Mech.73, 963-977, (2006).

[11]. Nahvi H. e Jabbari M., Crack detection in beams using experimental modal data and finite element model, International Journal of Mechanical Sciences 47, (2005), pp. 1477-1497.

[12] . Orhan Sadettin, Analysis of free and forced vibration of a cracked cantilever beam (Análise da vibração livre e forçada de uma viga cantilever fissurada), NDTand E International 40, (2007), pp.43-450.

[13] . Patil D.P., Maiti S.K, Detection of multiple cracks using frequency measurements, Engineering Fracture Mechanics 70, (2003), pp.1553-1572.

[14] , Patil D.P., Maiti S.K., Verificação experimental de um método de deteção de fissuras múltiplas

[15] . Ruotolo R, et al. Harmonic analysis of the vibrations of a cantilevered beam with a closing crack, Comput Struct, 61(6), (1996), pp. 1057-1074. em vigas, Journal of Sound and Vibration 281,(2005),pp.439-451.

[16]. Suresh S, Omkar S. N., Ganguli Ranjan e Mani V, Identification of crack location and depth in a cantilever beam using a modular neural network approach, Smart Materials and Structures, 13, (2004) pp.907-915.

[17]. Yang X. F., Swamidas A. S. J. e Seshadri R., Crack Identification in vibrating beams using the Energy Method, Journal of Sound and vibration 244(2), (2001), pp.339-357.

[18]. Zheng D.Y., Kessissoglou N.J., Free vibration analysis of a cracked beam by finite element method, Journal of Sound and Vibration 273, (2004) pp.457-475.

Livros referidos: -

[19] . G.K. Grover, "Mechanical vibrations", quinta edição, 1993, Nem Chand & Bros, Roorkee.

[20] . Singiresu S. Rao. "O Método dos Elementos Finitos em Engenharia". Quarta Edição (2004) Elseveir Science and Technology Books.

[21] . P. Shrinivasan , "Mechanical Vibration Analysis", 1982, Tata McGraw Hill Publications, New Delhi.

Printed by Books on Demand GmbH, Norderstedt / Germany